essentials

essentials liefern aktuelles Wissen in konzentrierter Form. Die Essenz dessen, worauf es als „State-of-the-Art" in der gegenwärtigen Fachdiskussion oder in der Praxis ankommt. *essentials* informieren schnell, unkompliziert und verständlich

- als Einführung in ein aktuelles Thema aus Ihrem Fachgebiet
- als Einstieg in ein für Sie noch unbekanntes Themenfeld
- als Einblick, um zum Thema mitreden zu können

Die Bücher in elektronischer und gedruckter Form bringen das Expertenwissen von Springer-Fachautoren kompakt zur Darstellung. Sie sind besonders für die Nutzung als eBook auf Tablet-PCs, eBook-Readern und Smartphones geeignet. *essentials:* Wissensbausteine aus den Wirtschafts-, Sozial- und Geisteswissenschaften, aus Technik und Naturwissenschaften sowie aus Medizin, Psychologie und Gesundheitsberufen. Von renommierten Autoren aller Springer-Verlagsmarken.

Weitere Bände in der Reihe http://www.springer.com/series/13088

Karl-Friedrich Fischbach ·
Martin Niggeschmidt

Erblichkeit der Intelligenz

Eine Klarstellung aus biologischer Sicht

2., korrigierte und erweiterte Auflage

 Springer VS

Karl-Friedrich Fischbach
Universität Freiburg
Freiburg, Deutschland

Martin Niggeschmidt
Hamburg, Deutschland

ISSN 2197-6708   ISSN 2197-6716   (electronic)
essentials
ISBN 978-3-658-27181-7   ISBN 978-3-658-27182-4   (eBook)
https://doi.org/10.1007/978-3-658-27182-4

Die Deutsche Nationalbibliothek verzeichnet diese Publikation in der Deutschen Nationalbibliografie; detaillierte bibliografische Daten sind im Internet über http://dnb.d-nb.de abrufbar.

Springer VS

Springer VS ist ein Imprint der eingetragenen Gesellschaft Springer Fachmedien Wiesbaden GmbH und ist ein Teil von Springer Nature.
Die Anschrift der Gesellschaft ist: Abraham-Lincoln-Str. 46, 65189 Wiesbaden, Germany

Was Sie in diesem *essential* finden können

- Sie erfahren, warum „erblich" in der biologischen Fachsprache etwas anderes bedeutet als in der Alltagssprache – und warum das zu Missverständnissen führt.
- Intelligenz ist „in hohem Maße" genetisch festgelegt? Sie finden Erläuterungen und Grafiken, die zeigen, dass solche Aussagen nicht von der Evidenz gedeckt sind.
- Sie bekommen einen Eindruck davon, warum Zwillingsstudien umstritten sind – und warum genetische Prognosen zu IQ und „Bildungserfolg" mit Vorsicht behandelt werden sollten.

Nichts auf der Welt ist so gerecht verteilt wie der Verstand. Denn jedermann ist überzeugt, dass er genug davon habe.

René Descartes

Vorwort zur zweiten Auflage

Die erste Auflage dieses Büchleins behandelte vornehmlich einige weit verbreitete Fehlinterpretationen des Fachbegriffs „Erblichkeit". Inzwischen gab es Entwicklungen, die uns über thematische Erweiterungen nachdenken ließen: Die Presse berichtete über die Entdeckung von „Intelligenz-Genen" und „Bildungs-Genen" – und das warf ganz neue Fragen auf: Wird es bald möglich sein, anhand von Gentests die Bildungsfähigkeit eines Säuglings vorherzusagen? Werden Kinder künftig sortiert und getrennt voneinander unterrichtet – an Schulen, die speziell auf das genetische Potenzial der jeweiligen Gruppe zugeschnitten sind (vgl. Plomin 2018a)? Werden Embryonen bei einer In-Vitro-Fertilisation danach ausgewählt, ob das Genmaterial eine positive IQ-Entwicklung erwarten lässt (Wilson 2018)?

Fachleute, Journalisten und Bürger sollten nach dem Evidenzniveau von Forschungsergebnissen fragen, die derart gravierende gesellschaftliche Auswirkungen haben können. Der hier vorliegenden zweiten Auflage unseres Büchleins haben wir Kapitel über die Zwillingsforschung und die Erkenntnisse aus molekulargenetischen Studien hinzugefügt. Wir möchten dazu anregen, sich mit den Stärken, Schwächen und Begrenztheiten der in der Intelligenzforschung genutzten wissenschaftlichen Methoden kritisch auseinanderzusetzen.

Freiburg   Karl-Friedrich Fischbach
Hamburg   Martin Niggeschmidt
im Mai 2019

Danksagung

Für Hinweise, Kritik und Unterstützung danken wir: Dr. Till Andlauer, Prof. Dr. Gert de Couet, Margit Fischbach, Prof. Dr. Andreas Heinz, Prof. Dr. Rainer Hertel, Prof. Dr. Ulrich Kattmann, Prof. Dr. Stefan Krauss, Dr. Wolfgang Michalke, Prof. Dr. Stephan Ripke, Prof. Dr. Gunter Schmidt, Dr. Heike Schmidt, Prof. Dr. Diethard Tautz und Prof. Dr. Manfred Velden.

Wir konnten oder wollten nicht allen Anregungen und Änderungsvorschlägen nachkommen – sind aber dankbar für konstruktiven Streit und die stets anregenden Diskussionen.

Inhaltsverzeichnis

Was es zu klären gibt

1

Zur „Erblichkeit von Intelligenz" gibt es eine verwirrende Vielfalt wissenschaftlicher Aussagen. Das ist nichts Ungewöhnliches: Wissenschaft braucht Dissens, um Positionen im Streit prüfen und klären zu können. Ungewöhnlich ist, dass dieser Streit innerhalb der psychologischen Intelligenzforschung kaum geführt wird. Wenige scheinen ein Interesse daran zu haben, die teilweise eklatanten Widersprüche zwischen den von Wissenschaftlern bezogenen Positionen offen zu diskutieren und aufzuklären.

Das hat eine problematische Konsequenz: Die Intelligenzforschung ist das einzige Fachgebiet, in dem neo-eugenische und rassistische Strömungen ohne Widerspruch toleriert werden.[1] Das mag bis vor einigen Jahren in Deutschland noch weitgehend unbeachtet geblieben sein. Doch im Zusammenhang mit der Debatte um Thilo Sarrazins Bestseller „Deutschland schafft sich ab" (2010) geriet die Intelligenzforschung ins Licht der breiten Öffentlichkeit. Intelligenzforscher wie Elsbeth Stern und Jens Asendorpf attestierten Sarrazin, er habe „Grundlegendes über Erblichkeit und Intelligenz nicht verstanden" (Stern 2010; Wolf 2013, S. 35). Doch wer sich Sarrazins Quellen ansieht, stellt fest: Nicht Sarrazin hat die Wissenschaft falsch verstanden. Die Fehler waren bereits in der von Sarrazin rezipierten Fachliteratur vorhanden.

---

[1]Kritik kam bisher vor allem von außen. Vgl.: Billig (1981), Tucker (1996), Tucker (2002), Velden (2005), Haller und Niggeschmidt (2012), Gillborn (2016). Außergewöhnlich ist die Stellungnahme der Intelligenzforscher Turkheimer, Harden und Nisbett gegen die Verbreitung von „junk science" durch Charles Murray (siehe Turkheimer et al. 2017).

© Springer Fachmedien Wiesbaden GmbH, ein Teil von Springer Nature 2019
K.-F. Fischbach und M. Niggeschmidt, *Erblichkeit der Intelligenz,* essentials,
https://doi.org/10.1007/978-3-658-27182-4_1

Es gibt eine schiefe Ebene, auf der die wissenschaftliche Evidenz ins Rutschen kommt. Das beginnt mit der missverständlichen Aussage, Intelligenz sei „erblich". Da erscheint es folgerichtig, dass auch IQ-Unterschiede zwischen Gruppen als genetisch mitbedingt angesehen werden (vgl. Rost 2013, S. 294; Reis und Spinath 2018, S. 314).

An diese (unbewiesene) These anschlussfähig sind Niedergangsszenarien, deren Versatzstücke in vielen Publikationen auftauchen und sich etwa folgendermaßen beschreiben lassen: Wir sind auf dem Weg in eine biologisch bestimmte Klassengesellschaft. Die Genpools der sozialen Schichten entmischen sich. Da die minderintelligenten Unterschichten mehr Kinder bekommen als die intelligenteren Oberschichten, wird die Gesellschaft im Schnitt immer dümmer. Der Staat fördert diese Fehlentwicklung noch, indem er Sozialleistungen gewährt und Einwanderer aus „Niedrig-IQ-Nationen" ins Land lässt (vgl. Herrnstein 1974; Herrnstein und Murray 1994; Weiss 2000; Lynn 2002; Sarrazin 2010; Ulfkotte 2011).

Der Begriff „erblich" bedeutet laut Duden: „durch Vererbung auf jmdn. kommend". Die Duden-Online-Ausgabe[2] nennt als Synonyme unter anderem: „angeboren", „von Geburt an bestehend", „im Blut liegend". Wäre Intelligenz in diesem alltagssprachlichen Sinne „erblich", müsste man tatsächlich mit dem Schlimmsten rechnen: Spielräume für Förderung und Erziehung wären dann kaum vorhanden, dumm geborene Menschen bekämen dumm geborene Kinder – und die Niedergangsszenarien könnten eine gewisse Logik für sich reklamieren.

Doch „Erblichkeit" hat im Zusammenhang mit dem von der Intelligenzforschung genutzten Erblichkeitsmodell eine andere Bedeutung als im Alltagsgebrauch. Die fachliche Definition ist in biologischen Lehrbüchern (Falconer 1984) und in den Veröffentlichungen des US-Biologen Richard Lewontin zur Intelligenzforschung (Schiff und Lewontin 1986; Lewontin 1988) allgemein zugänglich. In seinem Artikel „Heritability: a handy guide …" gibt der Wissenschaftsphilosoph Jonathan M. Kaplan eine pointierte Einführung zur korrekten Interpretation von „Erblichkeit" (Kaplan 2015). Und die Erziehungswissenschaftler Hans Gruber, Manfred Prenzel und Hans Schieferle haben die begrenzte Aussagekraft des Erblichkeitsmodells in einem deutschsprachigen Fachbuch dargelegt (Gruber et al. 2014).

---

[2]www.duden.de/rechtschreibung/erblich (abgerufen im Juli 2018); siehe auch Duden Bedeutungswörterbuch und Synonymwörterbuch.

Dass es dennoch immer wieder zu Fehlinterpretationen kommt, hat auch mit der Doppeldeutigkeit des Begriffs „Erblichkeit" zu tun. Begriffe bestimmen unser Denken, und die alltagssprachliche Bedeutung von „Erblichkeit" weckt auch bei Fachleuten irreführende Assoziationen.[3]

Für große Teile der Medienberichterstattung prägend sind die Veröffentlichungen des britischen Psychologen Robert Plomin, der die alltagssprachliche und die fachsprachliche Bedeutung des Wortes „erblich" ganz selbstverständlich ineinander verschwimmen lässt.[4] Diese Unschärfe mag nicht ganz unbeabsichtigt sein: Die Arbeit von Wissenschaftlern wie Plomin wäre gesellschaftlich sehr viel relevanter, wenn Test-Intelligenz nicht im fachsprachlichen, sondern im alltagssprachlichen Sinne „erblich" wäre.

Das Erblichkeitsmodell soll im Folgenden vor allem aus Sicht der Biologie erläutert werden, da es ursprünglich aus der quantitativen Genetik stammt. Wir wollen es aber nicht bei allgemein gehaltenen Beschreibungen belassen. Mutmaßungen und unzutreffende Behauptungen von Wissenschaftlern sollen benannt und zitiert werden, Fehler erläutert und nachgewiesen werden. Damit lassen sich

---

[3]Das ist im englischen Sprachraum ähnlich. Zur Missverständlichkeit der englischen Begrifflichkeit siehe: Moore und Shenk (2017). Die Autoren halten den Begriff „heritability", wie er in der Human-Verhaltensgenetik genutzt wird, für „einen der irreführendsten in der Geschichte der Wissenschaft". Der Biostatistiker und Mediziner Sun-Wie Guo plädiert dafür, den Begriff „heritability" in der Humangenetik gar nicht mehr zu verwenden. Guo schreibt: „… it can be argued that the term ‚heritability', which carries a strong conviction or connotation of something ‚heritable' in everyday sense, is no longer suitable for use in human genetics and its use should be discontinued." (Guo 2000, S. 299).

[4]Im Vorspann eines von Plomin geschriebenen Artikels für die Wochenzeitung *Zeit* heißt es: „Die wichtigsten Charaktermerkmale von Menschen sind von der Geburt an festgelegt." (Plomin 2018c) Selbst wenn dieser Satz nicht von Plomin selbst, sondern von der *Zeit*-Redaktion formuliert worden sein sollte: Plomin leistet diesem Missverständnis Vorschub, indem er suggeriert, dass ein hoher genotypischer Varianzanteil (eine hohe „Erblichkeit") bedeute: Die Eigenschaft ist weitgehend festgelegt und kann kaum gefördert werden. Das ist ein Fehlschluss – siehe dazu Kap. 7. Zu gedanklicher Präzision trägt auch nicht bei, dass Plomin sein neues Buch „Blueprint" nennt und dass er darin die These vertritt: Die Zwillings- und Familienforschung habe bewiesen, dass die von den Eltern vererbte DNA eine „Blaupause", ein „fertiger Plan" sei für die phänotypische Entwicklung des Individuums (Plomin 2018b). Dabei vermischt Plomin Aussagen aus der quantitativen Genetik, die sich auf die Merkmalsvariabilität in Populationen beziehen, mit entwicklungsbiologischen Aussagen, die sich auf die Merkmalsentwicklung von Individuen beziehen. Eine Kritik aus pädagogisch-psychologischer Sicht an Plomins Thesen hat die *Süddeutsche Zeitung* veröffentlicht: Kuhbandner (2018).

die logischen Implikationen und Begrenzungen des Erblichkeitsmodells deutlicher aufzeigen. Außerdem ist es nötig, das allzu harmonische Nebeneinander widersprüchlicher Aussagen innerhalb der Wissenschaft endlich aufzugeben und eine Klärung voranzutreiben. Denn was die „Erblichkeit von Intelligenz" angeht, sind einige der wirkungsmächtigsten Aussagen aus dem Bereich der Intelligenzforschung entweder unbewiesen oder schlichtweg falsch. Das nachvollziehbar darzustellen, ist das Anliegen dieses Textes.

Ein Modell mit vielen Verhältniszahlen 2

Immer wieder liest man, Intelligenz sei zu 50 bis 80 % erblich. Doch was bedeutet das? Wer mit solchen Prozentzahlen konfrontiert wird, könnte beispielsweise denken: 50 bis 80 % der Intelligenz seien genetisch festgelegt, nur der Rest sei formbar. Oder: Intelligenz werde zu 50 bis 80 % an die Nachkommen vererbt. Beide Interpretationen sind falsch, werden aber in der Diskussion über Bildungs- und Gesellschaftspolitik immer wieder ins Feld geführt. Deshalb sollte man sich vergegenwärtigen: Welches wissenschaftliche Konzept steht hinter dem Fachbegriff „Erblichkeit"? Worüber kann die psychologische Intelligenzforschung auf dieser Grundlage Aussagen machen – und worüber nicht?

Wenn Intelligenzforscher über „Erblichkeit" (Heritabilität) sprechen, beziehen sie sich auf ein statistisches Modell, das für die Pflanzen- und Tierzucht entwickelt wurde. Es beschreibt, welche Rolle Genvarianten bei der Ausprägung von Unterschieden bei messbaren Eigenschaften wie Größe oder Gewicht spielen. Wer beispielsweise wissen will, inwieweit die Größenunterschiede innerhalb einer Gruppe gleichzeitig ausgesäter Pflanzen genetisch bedingt sind, muss Umweltwirkungen durch Faktoren wie Bodenbeschaffenheit oder Bewässerung in seine Überlegungen mit einbeziehen.

Vereinfacht dargestellt funktioniert das Modell folgendermaßen: Je ungleicher die für das betreffende Merkmal relevanten Umweltwirkungen innerhalb einer Gruppe sind (von sehr fördernd bis sehr hemmend), desto weniger lassen sich die messbaren Unterschiede auf genetische Ursachen zurückführen. Oder umgekehrt: Je ähnlicher die Umweltwirkungen sind, desto eher lassen sich Unterschiede auf genetische Ursachen zurückführen.

© Springer Fachmedien Wiesbaden GmbH, ein Teil von Springer Nature 2019
K.-F. Fischbach und M. Niggeschmidt, *Erblichkeit der Intelligenz,* essentials,
https://doi.org/10.1007/978-3-658-27182-4_2

Die wechselseitige Abhängigkeit kommt zustande, weil es sich um relative Werte handelt: Zusammengenommen ergeben alle Varianzanteile 100 %. Mathematisch ist die „Erblichkeit" oder Heritabilität (H^2) definiert als der Anteil der genotypisch bedingten Varianz (V_{gen}) an der phänotypischen Varianz ($V_{phän}$) eines Merkmals:

$$H^2 = V_{gen}/V_{phän}$$

Die „phänotypische Varianz" ist die messbare Gesamtvarianz des Merkmals in der untersuchten Gruppe.[1] Im einfachsten Fall[2] setzt sich die phänotypische Varianz ($V_{phän}$) zusammen aus der genotypisch bedingten Varianz (V_{gen}) und der umweltbedingten Varianz (V_{umwelt}):

$$V_{phän} = V_{gen} + V_{umwelt}$$

Aus der mathematischen Definition geht hervor, dass „Erblichkeit" keine Konstante ist, sondern eine Verhältniszahl: Ob Merkmalsunterschiede eine „hohe Erblichkeit" aufweisen oder nicht, hängt von der jeweiligen Umwelt ab (siehe Box 1).

Eine Verhältniszahl liefert keine Aussage über einen Absolutwert oder über eine unabhängige Wirkung. Nehmen wir als Beispiel nochmals das Höhenwachstum von Pflanzen: Beträgt der genotypische Varianzanteil (die „Erblichkeit") 60 %, besteht noch eine beträchtliche Unsicherheit über die Frage, inwieweit der Größenunterschied zwischen zwei zufällig herausgegriffenen Individuen genetisch bedingt ist. Erst wenn man für jede Pflanze gleich gute Wachstumsbedingungen herstellt und damit den genotypischen Varianzanteil in die Nähe von 100 % bringt, kann man sicher sein, dass die dann sichtbaren Größenunterschiede auf genotypische Unterschiede zurückzuführen sind (vgl. Lewontin et al. 1988, S. 95).

---

[1]Ein Phänotyp ist das Erscheinungsbild des Merkmals zu einem gegebenen Entwicklungsstadium. Ein Genotyp ist hingegen die genetische Anlage eines Organismus.

[2]Die phänotypische Varianz kann noch weitere Summanden enthalten. Es ist beispielsweise lange bekannt, dass identische Genotypen selbst unter gleichen Umweltbedingungen nicht immer exakt dieselben Phänotypen entwickeln (Goodman 1979; Fischbach et al. 2003, S. 742). Diese zufallsbedingten Varianzbeiträge werden hier nicht berücksichtigt. Auf Interaktionen zwischen Genen und Umwelt werden wir weiter unten eingehen.

Box 1: Alles relativ

Warum der genotypische Varianzanteil (die „Erblichkeit") von der Umwelt abhängt

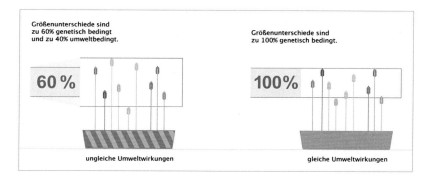

Linkes Bild

Ein hypothetisches Beispiel: Nehmen wir an, die Größenunterschiede innerhalb einer Gruppe von Pflanzen sind zu 60 % genetisch bedingt. Die darüber hinausgehenden Unterschiede lassen sich auf Umweltwirkungen zurückführen (etwa durch ungleiche Bodenqualität).

Der genotypische Varianzanteil (die „Erblichkeit") beträgt 60 %.

Rechtes Bild

In einer anderen Umgebung gibt es keine umweltbedingten Größenunterschiede. Jede Pflanze hat gleich gute Wachstumsbedingungen. Die einige Zeit nach der Aussaat feststellbaren Größenunterschiede sind zu 100 % genetisch bedingt.

Der genotypische Varianzanteil (die „Erblichkeit") beträgt 100 %.

Der genotypische Varianzanteil (die „Erblichkeit") ist also ein relativer Wert, der von der jeweiligen Umwelt abhängt: Je kleiner der Anteil umweltbedingter Unterschiede, desto höher die „Erblichkeit".

Die Grafiken sind angelehnt an das Saatgutbeispiel von Lewontin (1988).

„Erblichkeit" ist keine Naturkonstante

3

Dass auch die menschliche Intelligenz durch die Erbanlagen beeinflusst wird, ist für Biologen eine Plattitüde. Ohne Gene funktioniert gar nichts. Das fängt bereits bei den Genen an, die notwendig sind, damit ein Blutgefäßsystem entsteht, das unsere Hirnzellen mit Sauerstoff und Nährstoffen versorgt. In den Nervenzellen ermöglichen und regulieren die Produkte der Gene (Eiweiße und RNA-Moleküle) den Stoffwechsel und die Informationsverarbeitung. Es besteht kein Zweifel daran, dass Gene nicht nur bei der Gehirnentwicklung, sondern auch bei der Gehirnfunktion eine essenzielle Rolle spielen.

Ob man genotypische Anteile von Intelligenzunterschieden mithilfe eines Modells aus der quantitativen Genetik schätzen kann, hängt unter anderem davon ab, ob man diese Eigenschaft (oder Teilaspekte davon) ebenso sinnvoll messen kann wie beispielsweise die Höhe von Weizen oder die Milchleistung von Kühen. Das wird von Biologen immer wieder in Zweifel gezogen.[1]

Wir möchten hier lediglich darauf hinweisen, dass es bei der Diskussion um das Erblichkeitsmodell der Intelligenzforschung nicht um „Intelligenz" geht, sondern um „*Test*-Intelligenz" – also um die allgemeine Fähigkeit, IQ-Testaufgaben zu lösen (Funke und Vaterrodt 2009, S. 80). Diese sprachliche Präzisierung trägt dem Umstand Rechnung, dass sich der Begriff „Intelligenz" einer monopolisierbaren Definition entzieht. Verschiedene Kulturen, Milieus, Wissenschaftsbereiche

---

[1]Zur Kritik von Biologen an der psychologischen Intelligenzforschung siehe: Gould (1983), Lewontin et al. (1988), Cavalli-Sforza (1995) und Tautz (2012). Vgl. hierzu auch die Ausführungen des Medizingenetikers Siddhartha Mukherjee (Mukherjee 2017, S. 558 ff.).

© Springer Fachmedien Wiesbaden GmbH, ein Teil von Springer Nature 2019   9
K.-F. Fischbach und M. Niggeschmidt, *Erblichkeit der Intelligenz,* essentials,
https://doi.org/10.1007/978-3-658-27182-4_3

und Generationen können ganz eigene Vorstellungen davon haben, was unter „Intelligenz" zu verstehen ist.[2]

Doch auch die Aussage, *Test*-Intelligenz sei zu 50 bis 80 % erblich, ist irreführend. Die amerikanische Wissenschaftshistorikerin Evelyn Fox Keller sieht in der mangelhaften Unterscheidung von Merkmal und Merkmalsunterschied eines der Hauptprobleme der Anlage-Umwelt-Debatte – neben der Verwechslung von Individual- und Populationsebene (Keller 2010). Tatsächlich geht es bei der „Erblichkeits"-Schätzung nicht um die Frage, aus welchen Erb- oder Umwelt-Anteilen sich die Eigenschaft eines Individuums zusammensetzt.[3] Es geht auch nicht um gemittelte Werte von Individuen[4] oder um die Eigenschaft „an sich". Es geht um *Unterschiede* – genauer gesagt um die Merkmalsvarianz innerhalb einer bestimmten Gruppe in einer bestimmten Umwelt zu einer bestimmten Zeit.

Deshalb ist auch ganz entscheidend, welche Stichprobe man gerade betrachtet. Auf die gesamte Menschheit bezogen wäre die „Erblichkeit" von IQ-Unterschieden wegen der großen Unterschiedlichkeit der Umweltwirkungen wahrscheinlich ziemlich gering – so will es die Logik des Erblichkeitsmodells (vgl. Abb. 3.1, 3.2, 3.3 und 3.4).

Die in der Fachliteratur angegebene „Erblichkeit der Intelligenz" von 50 bis 80 % lässt sich (wenn überhaupt) nur auf die Industrieländer anwenden, weil die einschlägigen Studien dort durchgeführt wurden.

---

[2]Der deutsche Schriftsteller Hans Magnus Enzensberger kommt am Ende einer kritischen Auseinandersetzung mit der Intelligenzforschung zu dem Schluss: „Wir sind eben nicht intelligent genug, um zu wissen, was Intelligenz ist." (2007, S. 55).

[3]Die Einflüsse von Genen und Umwelt auf die Entwicklung eines Individuums sind nicht nur additiv, sondern auf komplexe Weise interagierend. Schon bei einem simplen Produkt aus A mal B kann man nicht sagen, A sei zu dem Anteil x [%] und B zu dem Anteil 100-x [%] für das Produkt verantwortlich.

[4]Einer der bekanntesten deutschsprachigen Intelligenzforscher, Aljoscha Neubauer, wurde von einer *Spiegel*-Journalistin zur Interpretation der Erblichkeit von IQ-Unterschieden befragt: „Heißt das, dass jeder Erwachsene seine Intelligenz zu 75 % geerbt hat?" Er antwortete: „Nein, die Erblichkeitsstatistik kann man nicht auf Individuen herunterbrechen. Es sind Mittelwerte. Bei einer Person kann der Wert 30 % betragen, bei der anderen 90." (Neubauer 2017, S. 88) Hätte man in diesem Dialog statt „Erblichkeit" den präziseren Begriff „genotypischer Varianzanteil" verwendet, wäre sofort klar gewesen: Es geht nicht um das Individuum (wie offenbar die Fragestellerin meint) und auch nicht um die gemittelten Werte von Individuen (wie offenbar der antwortende Wissenschaftler meint). Die genannten Prozentzahlen beziehen sich auf die Varianz – also auf Unterschiede.

Dabei ist aber zu beachten: Bei Sub-Gruppen innerhalb der Gesamt-
bevölkerung kann die „Erblichkeit" völlig andere Werte annehmen – je nachdem,
wie sich die Umweltunterschiede auf die Entwicklungschancen dieser Gruppen
auswirken. Die Unterschiede der Test-Intelligenz von Kindern aus Unterschichts-
familien beispielsweise, die im Rahmen einer US-Studie untersucht wurden,
waren nur zu einem geringen Teil durch genotypische Unterschiede erklärbar. In
den Familien mit dem geringsten sozioökonomischen Status sank die „Erblichkeit" bis gegen null (Turkheimer 2003).

Im Gegensatz dazu gingen die IQ-Unterschiede von Kindern aus wohlhabenden Familien dieser Studie zufolge überwiegend auf genotypische Unterschiede zurück. Der Logik des Erblichkeitsmodells entsprechend hieße das: Die
umweltbedingten Entwicklungschancen für Kinder aus wohlhabenden Familien
waren vergleichsweise einheitlich. Bei Unterschichtskindern hingegen gab es ganz
unterschiedliche Entwicklungschancen: Die Umwelteinflüsse konnten hemmend,
trotz ungünstiger wirtschaftlicher Bedingungen aber auch fördernd sein.

Und es gibt ein weiteres bemerkenswertes Phänomen: Studien legen den Schluss
nahe, dass die „Erblichkeit" von Test-Intelligenz mit dem Alter der untersuchten
Gruppe ansteigt. Eine zur Logik des Erblichkeitsmodells passende Erklärung dafür
wäre die folgende: Je älter Kinder und Jugendliche werden (und je wohlhabender
ihr familiäres Umfeld ist), desto eher ist es ihnen möglich, aktiv Umwelten auszu-
suchen oder zu gestalten, die ihnen Entwicklungschancen bieten – was den durch
Umweltwirkungen verursachten Anteil der Unterschiede innerhalb der Gruppe verringert und den auf genotypische Ursachen zurückzuführenden Anteil der Unterschiede vergrößert (vgl. Tucker-Drob et al. 2013; vgl. Gottschling et al. 2019).

Das alles zeigt: Einen allgemeingültigen „Erblichkeitswert" oder eine all-
gemeingültige, sinnvoll eingrenzbare Spanne von „Erblichkeitswerten" für
Test-Intelligenz gibt es nicht. „Erblichkeit" ist keine Naturkonstante: Die ver-
öffentlichten Werte schwanken zwischen nahezu null und über 90 % (Velden
2013; vgl. Nisbett 2012, S. 132).

Varianz der Bildungschancen: Klassenraum-Porträts
von Julian Germain (Alle Fotos dieser Doppelseite stammen aus der Serie
„Classroom Portraits" 2004–2012 von Julian Germain.)

Abb. 3.1   Tiracanchi-Sekundarschule, Provinz Calca, Peru. 3. Klasse, Gesellschaftskunde.
24. Juli 2007

Abb. 3.2   Koishikawa School of Secondary Education, Tokyo, Japan. 4. Klasse, International Studies. 7. September 2009

Abb. 3.3 Openbare Basisschool de Kruikplank, Drouwenermond, Drenthe, Niederlande. Gemischte Klassen 5, 6, 7 und 8, Geschichtsunterricht. 19. Juni 2006

Abb. 3.4 Kulliyatu Turasul Islamic Secondary School, Kano, Nigeria. Junior Islamic Secondary Level 1. 26. Juni 2009

Irreführende Begrifflichkeit

4

Mit der landläufigen Vorstellung von „Erblichkeit" hat dieses volatile Konstrukt nicht viel zu tun. Und es kommt noch seltsamer: Man könnte sich nämlich fragen, wie hoch die „Erblichkeit" eines angeborenen Merkmals ist. „Angeboren" sind Merkmale, deren Ausprägung bereits bei der Geburt vorhanden ist oder deren Herausbildung genetisch fest programmiert und durch Umweltfaktoren normalerweise nicht zu beeinflussen ist: beispielsweise die Beinzahl bei Krabben oder die Finger- und Augenzahl bei Menschen. Angeboren können auch bestimmte Verhaltensweisen sein: der Greifreflex und der Saugreflex bei Babys, das Atmen oder das Anhalten des Atmens unter Wasser.

Untersucht man die Varianz der Beinzahl innerhalb einer Gruppe von Krabben, wird man eine große Übereinstimmung feststellen: Die Krabben werden, mit Ausnahme einiger Opfer von Unfällen oder Gewalteinwirkung, allesamt acht Laufbeine haben. Damit geht die „Erblichkeit" der Beinzahl bei Krabben in unserer Versuchsanordnung gegen null – einfach deshalb, weil es praktisch keine genotypisch bedingte Varianz gibt. Wie kann es sein, dass ein angeborenes Merkmal nicht gleichzeitig auch „erblich" ist?

Der Begriff „erblich" ist alltagssprachlich belastet, das heißt: Er wird in einer Art und Weise verstanden, die mit seiner wissenschaftlichen Definition nicht übereinstimmt. In der Fachsprache ist „angeboren" eben kein Synonym für „erblich", auch wenn der Duden dies aus dem umgangssprachlichen Gebrauch so ableitet. Das provoziert Missverständnisse.

Wissenschaftler und Lehrende sollten den Gültigkeitsbereich ihrer Aussagen nicht verschleiern, sondern durch ihre Wortwahl verdeutlichen. Wir plädieren deshalb dafür, statt „Erblichkeit" lieber den sperrigen, aber treffenderen Begriff „genotypischer Varianzanteil" zu verwenden.

© Springer Fachmedien Wiesbaden GmbH, ein Teil von Springer Nature 2019
K.-F. Fischbach und M. Niggeschmidt, *Erblichkeit der Intelligenz,* essentials,
https://doi.org/10.1007/978-3-658-27182-4_4

Der Vorteil einer klaren Terminologie wird nochmals deutlich, wenn man sich folgenden fachsprachlich korrekten, aber dennoch absurd klingenden Satz ansieht:

> „Die Erblichkeit aller Merkmale in einem ingezüchteten, vollkommen reinerbigen Stamm ist null."

Sinnvoller und vernünftiger ist der Satz:

> „Der genotypische Varianzanteil aller Merkmale in einem ingezüchteten, reinerbigen Stamm ist null." (Fischbach et al. 2003, S. 824)

An dieser Stelle ist ein Zwischen-Resumee angebracht: Wir haben gesehen, dass die Behauptung, menschliche Intelligenz sei in hohem Maße erblich, gleich in dreifacher Hinsicht schief oder irreführend ist. Präzise formuliert muss es heißen: „Für den genotypischen Varianzanteil ... von Test-Intelligenz ... gibt es keine allgemeingültigen Werte."

Was wir aus der Zwillingsforschung lernen können

5

Doch wie lässt sich der genotypische Varianzanteil (die „Erblichkeit") einer Eigenschaft *im konkreten Fall* für eine Gruppe von Menschen bestimmen? Bei der Untersuchung von Pflanzen und Tieren gibt es beweiskräftige wissenschaftliche Methoden: Man kann die Einflussfaktoren kontrollieren und gezielt verändern – und man kann Selektionsexperimente durchführen. Beim Menschen ist die Anwendung solcher Methoden aus ethischen Gründen nicht möglich. Die Forscher versuchen deshalb, anhand vorgefundener Konstellationen auf den genotypischen Varianzanteil einer Eigenschaft zu schließen.

Getrennt aufgewachsene eineiige Zwillinge
Ein in der Populärliteratur und den Medien vielbeachtetes Studiendesign ist der Vergleich zwischen getrennt aufgewachsenen eineiigen Zwillingsgeschwistern (EZ).

In der Theorie sind EZ genetisch identisch.[1] Intra-Paar-Unterschiede hinsichtlich einer Eigenschaft werden deshalb auf Umweltwirkungen zurückgeführt. Man geht davon aus, dass die innerhalb der Zwillingspaare gemessene Abweichung von der Korrelation 1 den umweltbedingten Varianzanteil in der Gesamtpopulation widerspiegelt – also in jener nicht näher definierten Population, in der

---

[1]Eineiige Zwillinge entstehen aus einer einzigen befruchteten Eizelle. Die Aussage, dass eineiige Zwillinge genetisch völlig identisch seien, gilt nur für das früheste Entwicklungsstadium (siehe z. B. Bruder et al. 2008), denn die Akkumulation zufälliger somatischer Mutationen sowie von epigenetischen Modifikationen ist in allen Menschen nachweisbar. In einem Extremfall wurde ein eineiiges Zwillingspaar beschrieben, bei denen ein Zwilling Trisomie 21 zeigte, der andere nicht. Dies kann durch den somatischen Verlust eines der Chromosomen erklärt werden (Wolff E de et al. 1962).

© Springer Fachmedien Wiesbaden GmbH, ein Teil von Springer Nature 2019
K.-F. Fischbach und M. Niggeschmidt, *Erblichkeit der Intelligenz,* essentials,
https://doi.org/10.1007/978-3-658-27182-4_5

die Zwillinge leben. Vom umweltbedingten Varianzanteil kann man dann direkt auf den genotypischen Varianzanteil (die „Erblichkeit") schließen.

Ein Beispiel: Nehmen wir an, bei einem IQ-Test korrelieren die Ergebnisse getrennt aufgewachsener EZ zu 0,8. Das ist eine hohe Korrelation, die Zwillingsgeschwister sind einander ziemlich ähnlich.[2] Der umweltbedingte Varianzanteil in der zugehörigen Gesamtpopulation wäre in diesem Fall $1 - 0,8 = 0,2$ bzw. 20 %. Der übrige Varianzanteil wird als genotypischer Varianzanteil („Erblichkeit") interpretiert, hier also $100\% - 20\% = 80\%$.

Es ist allerdings fraglich, ob die bei EZ erhobenen Umwelt-Werte einfach auf die Gesamtpopulation übertragen werden können. Viele Argumente sprechen dagegen – auf zwei von ihnen wollen wir im Folgenden eingehen.

- Die Zuordnung voneinander getrennter Zwillinge zu ihrer jeweiligen Umwelt findet nicht zufällig statt – schon deshalb nicht, weil Adoptionsbehörden die Adoptivfamilien nicht nach dem Zufallsprinzip aussuchen.[3] Die Milieus, in denen die Zwillingsgeschwister aufwachsen, ähneln sich. Manchmal haben die Zwillingsgeschwister auch direkten Kontakt zueinander, bevor sie untersucht werden. Die Umwelten der Zwillingsgeschwister sind somit systematisch ähnlicher als dies bei paarweise betrachteten Probanden aus einer Zufallsstichprobe der Fall wäre. Es ist also nicht möglich, von den umweltbedingten Unterschieden zwischen den untersuchten Zwillingsgeschwistern auf den umweltbedingten Varianzanteil in der Gesamtpopulation zu schließen (Joseph 2004, S. 107 ff.). Die Varianz relevanter Umweltfaktoren in der Gesamtpopulation dürfte deutlich größer sein als in der Zwillingsstichprobe.
- Die genetische Ähnlichkeit der EZ sorgt dafür, dass bestimmte Interaktionen zwischen Genen und Umwelt nicht abgebildet werden. Werden beispielsweise Menschen aufgrund ihrer Hautfarbe diskriminiert, kann dies zu umweltbedingten IQ-Unterschieden innerhalb der Gesamtpopulation führen. Doch die Merkmale, an denen die Diskriminierung ansetzt, sind bei EZ-Paaren sehr ähnlich ausgeprägt: Zwilling A hat etwa die gleiche Hautfarbe (Haarfarbe, Augenfarbe …) wie der dazugehörige Zwilling B – beide sind also auch gleichermaßen von Diskriminierung betroffen. Studien, bei denen Unterschiede

---

[2]Bei einer bekannten Studie (Bouchard et al. 1990) hat sich zwischen getrennt aufgewachsenen eineiigen Zwillingen eine IQ-Korrelation von 0,78 % ergeben.

[3]Für die Adoption eines Kindes bestehen in Deutschland hohe rechtliche Voraussetzungen, die eine zufällige Platzierung von Kindern in Adoptionsfamilien verhindern (Adoptionsvermittlungsgesetz: http://www.gesetze-im-internet.de/advermig_1976/BJNR017620976.html). Dies ist in anderen Ländern ähnlich.

zwischen EZ gemessen werden, um daraus Erkenntnisse über die Gesamtpopulation abzuleiten, sind für diese Art von Genotyp-Umwelt-Interaktionen weitgehend blind.

Zusammen aufgewachsene eineiige und zweieiige Zwillinge

In der „klassischen" Zwillingsforschung vergleicht man zusammen aufgewachsene eineiige Zwillinge (EZ) mit zusammen aufgewachsenen, gleichgeschlechtlichen zweieiigen Zwillingen (ZZ). Das Studiendesign macht sich den Umstand zunutze, dass EZ genetisch fast identisch sind, während ZZ im statistischen Durchschnitt nur die Hälfte ihrer Genvarianten gemeinsam haben – ebenso wie normale Geschwister.

Grundlegend für das Verfahren ist, dass die „equal environment assumption" zutrifft, dass also EZ den gleichen merkmalsrelevanten Umweltwirkungen ausgesetzt sind wie ZZ. Dies vorausgesetzt, wäre der Korrelationsunterschied zwischen EZ und ZZ ausschließlich auf die größere genetische Ähnlichkeit der EZ zurückzuführen.

Der Rechenweg lässt sich folgendermaßen beschreiben: Man ermittelt die Merkmals-Korrelation von zusammen aufgewachsenen EZ (r_{EZ}) und diejenige von zusammen aufgewachsenen gleichgeschlechtlichen ZZ (r_{ZZ}). Diese beiden Werte zieht man voneinander ab. Die Differenz wird dann verdoppelt, um auszugleichen, dass ZZ immer noch 50 % ihrer Genvarianten gemeinsam haben. So erhält man eine Schätzung des genotypischen Varianzanteils (der „Erblichkeit") in der Gesamtpopulation.

Die Formel lautet:

$$H^2 = 2(r_{EZ} - r_{ZZ})$$

Ein Beispiel: Nehmen wir an, bei einem IQ-Test korrelieren die Ergebnisse der EZ zu 0,85. Nehmen wir weiter an, die Ergebnisse der ZZ korrelieren zu 0,60. Die EZ sind einander also ähnlicher als die ZZ.[4] Nun errechnet man die Differenz (0,25), verdoppelt das Ergebnis – und kommt auf einen genotypischen Varianzanteil von 0,5 oder 50 % in der Gesamtpopulation.

Auch die klassische Zwillingsstudie wirft methodische Probleme auf. Die Annahme, dass EZ den gleichen merkmalsrelevanten Umweltwirkungen ausgesetzt sind wie ZZ („equal environment assumption"), trifft in der Realität nicht zu.

---

[4]Bouchard und McGue (1981) berichten von einer IQ-Korrelation bei zusammen aufgewachsenen eineiigen Zwillingen von 0,86 und bei zusammen aufgewachsenen gleichgeschlechtlichen zweieiigen Zwillingen von 0,6.

In der Kindheit werden EZ ähnlicher gekleidet. Sie schlafen öfter im selben Zimmer, besuchen häufiger dieselben Schulklassen, gehen untereinander eine stärkere Bindung ein und sind öfter gemeinsam unterwegs als ZZ (Loehlin und Nichols 1976, S. 50; Joseph 2004, S. 67). Die größere äußere und wesensmäßige Ähnlichkeit zwischen EZ trägt also dazu bei, dass sie im Vergleich zu ZZ einer „gleicheren" Umwelt ausgesetzt sind. Zwillingsforscher argumentieren, dass EZ ähnlichere Erfahrungen machen, weil sie sich aufgrund ihrer identischen Gene ähnlichere Umwelten selbst „erschaffen" – womit die „equal environment assumption" ihre Gültigkeit behalte.

Hier wird jedoch ein grundsätzliches Problem deutlich, das jedem Versuch innewohnt, den prozentualen genotypischen Varianzanteil eines menschlichen Verhaltensmerkmals zu bestimmen: Gene und Umwelt wirken praktisch nie unabhängig voneinander, sondern fast immer interaktiv.

Wir haben bereits gesehen, dass bestimmte Genotyp-Umwelt-Interaktionen durch den Vergleich von EZ kaum abgebildet werden können. Wie ist das bei „klassischen" Zwillingsstudien, in denen EZ und ZZ miteinander verglichen werden? Kann diese Methode umweltbedingte IQ-Unterschiede abbilden, die durch Diskriminierung von ethnischen oder sozialen Gruppen verursacht werden? Ein Gedankenexperiment (Proof of Concept, siehe Box 2) zeigt: Je stärker die Diskriminierung, desto niedriger wird der Messwert für den genotypischen Varianzanteil (die „Erblichkeit") in der Gesamtpopulation. Die „klassische" Zwillingsmethode ist also sensitiv für diese Art von Chancen-Ungleichheit. Der Effekt ist massiv. Für einen Forscher, der nur das Endergebnis vor sich liegen hat, ist die Interpretation allerdings enorm schwierig. Ein gemessener augenblicklicher Wert sagt nichts darüber aus, wie er zustande kommt. Es gibt viele Faktoren und Interaktionen, die hier am Werk sein könnten.

Box 2: Effekt von Gruppendiskriminierung auf die Parameter der Zwillingsforschung

Gedankenexperiment (Proof of Concept)

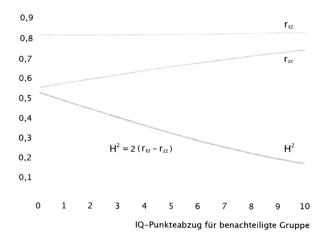

Welchen Effekt hat es auf das Messergebnis des genotypischen Varianzanteils (der „Erblichkeit"), wenn Untergruppen in ihren Entwicklungschancen eingeschränkt werden? Gegeben sei eine Stichprobe von 40 EZ und 40 ZZ, die jeweils zusammen aufwachsen. Die IQ-Wertepaare für EZ und ZZ wurden so gewählt, dass beim Startpunkt unserer Modellrechnung der IQ-Mittelwert etwa bei 100 liegt und sich eine Korrelation von $r_{EZ} = 0,82$ und von $r_{ZZ} = 0,56$ ergibt. Der genotypische Varianzanteil berechnet sich dann zu 0,53 oder 53 %. In unserem Gedankenexperiment werden nun die Hälfte der EZ-Paare und die Hälfte der ZZ-Paare einer zunehmenden Benachteiligung ausgesetzt, die zu einem definierten Abzug von IQ-Punkten führt. Damit vermindert sich der mittlere IQ in der untersuchten Gesamtgruppe, und die Gesamtvarianz nimmt zu. Die Korrelation der EZ-Geschwister insgesamt (r_{EZ}), die bereits auf einem hohen Niveau startet, wächst nur geringfügig. Die Korrelation der ZZ-Geschwister (r_{ZZ}) hingegen steigt stark an. Damit verringert sich der Abstand zwischen den Korrelationen r_{EZ} und r_{ZZ}, wodurch der mit der Formel $H^2 = 2\,(r_{EZ} - r_{ZZ})$ berechnete genotypische Varianzanteil (die „Erblichkeit") steil abfällt.

Zusammenfassend kann man sagen: Die Einflussfaktoren auf die Merkmalsvarianz lassen sich mithilfe der Zwillingsmethode weder vollständig erfassen noch sauber voneinander trennen.[5] Was die Studien zeigen, ist aber: EZ sind einander ähnlicher als ZZ. Und das bedeutet: Es gibt genetisch bedingte IQ-Unterschiede innerhalb einer Gruppe.

---

[5]Dass die Ergebnisse von Zwillingsstudien replizierbar sind, sagt nichts über deren Validität aus. Bezogen auf eine Metaanalyse zu 50 Jahren Zwillingsforschung (Poldermann 2015) schreibt der Philosoph Jonathan M. Kaplan: „Several thousand studies, all with the exact same methodological problems and limitations, are no better than one such study." (Kaplan 2015).

Polymorphismen als Basis des genotypischen Varianzanteils

6

Zu den genetisch bedingten IQ-Unterschieden innerhalb einer Gruppe tragen nicht einige wenige, sondern sehr viele Genvarianten bei. Ein Teil davon lässt sich mithilfe von genomweiten Assoziationsstudien aufspüren.

Im Fokus dieser Studien stehen sogenannte „single nucleotide polymorphisms" (SNPs).[1] Hierbei handelt es sich um Positionen im Genom, an denen sich einzelne Basenpaare von Individuum zu Individuum häufig unterscheiden. Gesucht werden SNPs, deren Variation einen statistischen Zusammenhang mit der Variation von Test-Intelligenz (Sniekers et al. 2017; Savage 2018) oder dem damit korrelierten Parameter „Bildungserfolg" (educational attainment)[2] aufweisen (Lee et al. 2018). Man untersucht also beispielsweise, welche SNPs bei Probanden mit einem stark ausgeprägten Merkmal häufig zu finden sind – bei Probanden mit gering ausgeprägtem Merkmal hingegen nur selten. So identifiziert man Polymorphismen, die positiv oder negativ mit dem untersuchten Merkmal korrelieren.

Bis vor wenigen Jahren erbrachten diese Studien noch keine brauchbaren Ergebnisse, weil die Stichproben zu klein waren. Doch der Forschung stehen immer mehr analysierte („genotypisierte") Genome von Personen zur Verfügung,

---

[1]Das Erbmolekül DNA wird oft als Schriftmolekül bezeichnet. Es besteht aus zwei gegenläufigen, komplementären Einzelsträngen, die jeweils aus der variablen Abfolge der 4 Nukleotide (der „Buchstaben") A, G, C, T bestehen, wobei sich jeweils A-T und G-C komplementieren. Ein SNP (ein Polymorphismus in einem einzigen Nukleotid) bedeutet, dass an einer definierten Position des Schriftmoleküls DNA in unterschiedlichen Individuen einer untersuchten Gruppe unterschiedliche komplementäre „Buchstabenpaare" eingebaut sein können. Solch ein SNP kann innerhalb oder außerhalb der für Eiweiße kodierenden Bereiche auf der DNA liegen.

[2]Unter „educational attainment" wird die Anzahl der Schul- und Studienjahre verstanden, also die Ausbildungszeit, die eine Person mit dem Mindestalter von 30 Jahren erfahren hat.

© Springer Fachmedien Wiesbaden GmbH, ein Teil von Springer Nature 2019
K.-F. Fischbach und M. Niggeschmidt, *Erblichkeit der Intelligenz,* essentials,
https://doi.org/10.1007/978-3-658-27182-4_6

die an IQ-Tests teilgenommen haben oder deren Schul- und Universitätsaus-
bildung erfasst wurde. Mit zunehmender Größe der in die Studien einbezogenen
Probandengruppen lässt sich der Beitrag eines SNP zum genotypischen Varianzanteil sicherer nachweisen.

Inzwischen ist klar geworden, dass IQ-Unterschiede von tausenden, zehn-
tausenden oder mehr Genvarianten beeinflusst werden, die für sich genommen
jeweils nur einen winzigen Effekt haben.[3]

Wenn man die Wirkung der identifizierten Polymorphismen gewichtet und
addiert, erhält man einen polygenen Score. Dieser Score erklärt derzeit weniger
als 10 % der IQ-Unterschiede innerhalb der untersuchten Gruppen (Sniekers et al.
2017; Plomin 2018a; Savage 2018) – ein deutlich niedrigerer Wert als der immer
wieder aus Zwillingsstudien abgeleitete Wert des genotypischen Varianzanteils von
50 bis 80 %. Diese Diskrepanz zwischen den Ergebnissen von Assoziationsstudien
und Zwillingsstudien wird „Erblichkeitslücke" (missing heritability) genannt.

Selbst die aus einer spektakulären Assoziationsstudie an über einer Million
Menschen generierten polygenen Scores für „Bildungserfolg" erklären nur unter
15 % der Merkmalsvarianz (Lee et al. 2018). Daraus lassen sich keine individu-
ellen Prognosen ableiten – und eine „Präzisionserziehung", wie sie der britische
Psychologe Robert Plomin in Aussicht stellt (Plomin 2018a, S. 8), schon gar nicht.[4]

Doch auch wenn die Prognosekraft eines polygenen Scores für Bildungserfolg
größer wäre, müsste man die Ergebnisse mit Vorsicht behandeln: Der Score wird auf
Grundlage einfacher statistischer Zusammenhänge bei einer möglichst großen Pro-
bandengruppe erstellt – beschreibt also genetische Faktoren, die hilfreich sind, um in
einer hypothetischen Standardversion des derzeitigen westlichen Bildungssystems[5]
erfolgreich zu sein. Es geht nicht um die Frage: Welche genetischen Potenziale haben
die Probanden? Sondern, ganz konservativ: Wer passt ins System – und wer nicht?

---

[3]Plomin (2018b) schreibt über eine Assoziationsstudie zum Bildungserfolg: „Like all other
complex traits, the effect sizes for years of education are incredibly small – the largest
effect was only 0.03 per cent and the average effect size of the top SNPs was 0.02 per
cent."

[4]„Präzisionserziehung" ist angelehnt an den Begriff „Präzisionsmedizin". Siehe dazu das
Interview mit dem Risikoforscher Felix Rebitschek, der die Aussagekraft von Gentests
für die Vorhersage von Volkskrankheiten erläutert (Rebitschek 2019). Zur Frage, ob im
Medizinbereich zumindest „Hochrisikopersonen" (deren Wert am äußersten Rand der Ver-
teilung liegt) von einem Gentest profitieren können, siehe: Torkmani et al. (2018).

[5]Diese Standardversion des westlichen Bildungssystems gibt es in der Realität nicht. Eine
niederländische Regelschule stellt andere Ansprüche an die Schüler als beispielsweise ein
britisches Privat-Internat.

Zu wissen, wie sich ein Genotyp in einer konkreten Umwelt entwickelt, bedeutet nicht, das „genetische Potenzial" zu kennen. Der berühmte Genetiker Theodosius Dobzhansky, einer der führenden Vertreter der synthetischen Evolutionstheorie, schreibt:

> „Die Reaktionsnorm eines Genotyps ist nie vollständig bekannt. Vollständige Kenntnis der Reaktionsnorm würde bedeuten, dass man die Träger eines Genotyps allen möglichen Umwelten ausgesetzt und ihre Entwicklung darin beobachtet hätte. Das ist praktisch unmöglich. Die existierende Vielfalt von Umwelten ist enorm und neue Umwelten werden ständig produziert. Die Erfindung einer neuen Arznei, eine neue Ernährung, eine neue Form des Wohnens, ein neues Erziehungssystem, ein neues politisches System schaffen neue Umwelten."[6]

Es ist irreführend, die identifizierten genetischen Polymorphismen als „Intelligenz-Gene" oder „Bildungs-Gene" zu bezeichnen.[7] Solche Begriffe erwecken den Eindruck, die durch die genetischen Polymorphismen markierten Gene seien für die Merkmalsausprägung besonders wichtig. Das ist nicht der Fall.

Viele der für Gehirnentwicklung und Gehirnfunktion notwendigen Gene sind hoch konserviert, das heißt bei fast allen Menschen identisch, und tragen deshalb kaum zum genotypischen Varianzanteil bei. Ein hochkonserviertes Gen ist zum Beispiel das FOXP2-Gen.[8] Es wird auch als „Sprach-Gen" bezeichnet, da eine sehr seltene Mutation in diesem Gen zum Auftreten einer gravierenden Sprachstörung führt (Lai et al. 2001). Das Gen ist notwendig (aber nicht hinreichend)

---

[6]Übersetzt aus dem Englischen: „The norm of reaction of a genotype is at best only incompletely known. Complete knowledge of a norm of reaction would require placing the carriers of a given genotype in all possible environments, and observing the phenotyps that develop. This is a practical impossibility. The existing variety of environments is immense, and new environments are constantly produced. Invention of a new drug, a new diet, a new type of housing, a new educational system, a new political regime introduces new environments." (Dobzhansky 1955, S. 74 f. – zitiert auch bei Kaplan 2015).

[7]Siehe dazu die FAQ zur Studie von Lee et al. (2018): https://www.thessgac.org/faqs (abgerufen im September 2018), wo auch die Frage beantwortet wird: „Haben Sie Bildungs-Gene gefunden?" Negativbeispiele für irreführende Schlagzeilen in den Massenmedien sind „Die Abitur-Gene" in der *Süddeutschen Zeitung* (Blawat 2018) und „Forscher entdecken 40 Intelligenz-Gene" auf Spiegel.de (Humml 2018).

[8]Das Produkt des FOXP2-Gens ist ein Transkriptionsfaktor, welcher die Expression von mehr als 1000 anderen Genen reguliert (Wright und Hastie 2007).

für die Entwicklung eines definierten Merkmals, und man kennt in Ansätzen die kausale Wirkung.

Das ist also etwas Handfesteres als die anhand von Assoziationsstudien identifizierten genetischen Polymorphismen. Bei diesen handelt es sich vor allem um „Spielmaterial" – also um häufig auftretende Varianten, die für sich alleine genommen keine gravierenden (oder krankmachenden) Folgen haben.

Assoziationsstudien bleiben an der Oberfläche der Phänomene. Sie verraten uns zunächst nichts über die Wege, mit denen die identifizierten Genvarianten auf die Merkmalsausbildung wirken. Die Wirkung kann sehr indirekt sein – vermittelt über biologische Interaktionen oder über Wechselwirkungen mit der Umwelt (vgl. Harden 2018; Turkheimer 2018a; Spork 2018a; Spork 2018b).

Die kausalen Unschärfen können gravierend sein: Würde beispielsweise rothaarigen Kindern der Zugang zur Bildung erschwert (vgl. Jencks 1975, S. 66 f.; siehe Abb. 6.1), wären die mit Rothaarigkeit assoziierten Genvarianten tatsächlich hemmend für Schulerfolg und IQ-Entwicklung. Der US-Psychologe Eric Turkheimer schreibt, er könne die arme Mutter fast schon hören: „Nein, nein, Johnny

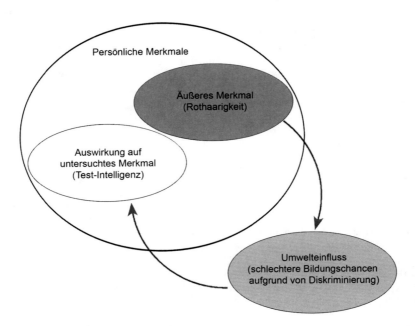

Abb. 6.1 Genotyp-Umwelt-Interaktion: Diskriminierung von Rothaarigen. (Eigene Darstellung)

ist wirklich ein sehr intelligenter kleiner Junge, es ist nur: Er hat rote Haare. Alle hacken auf ihm herum." Antwort: „Es tut mir leid, Ma'am, der Gentest zeigt, dass Ihr Sohn eine geringe Neigung zum Lernen hat." (Turkheimer 2018a).

Exkurs: Wer hat „gute Gene"?

Das Verhältnis von Phänotyp (dem äußeren Erscheinungsbild) zu Genotyp (der genetischen Ausstattung) ist komplizierter, als man angesichts der Suche nach IQ-assoziierten Genvarianten annehmen könnte.

Die „Qualität" eines Genoms erschließt sich immer nur in Bezug auf eine bestimmte Umwelt. Wenn sich diese ändert, ändert sich möglicherweise auch die Rangordnung der Genome. Sehr früh wurde dies bereits anhand der Wuchsform von Pflanzen anschaulich gemacht (Clausen et al. 1948, S. 80).

Abb. 6.2 zeigt sieben verschiedene Genotypen der Schafgarbe (Achillea). Für das Experiment wurden die Pflanzen jeweils geteilt und in drei verschiedene Umwelten eingebracht: an einem niedrigen (Meeresspiegel), mittleren (1400 m) und hohen (3050 m) Standort.

In der Grafik sind die drei genetisch identischen Pflanzen jeweils untereinander angeordnet und gleich eingefärbt. Genotyp A, der am niedrigen Standort das größte Höhenwachstum aufweist, entwickelt sich an anderen Standorten schlechter: Am mittleren Standort bleibt er sogar hinter allen anderen Genotypen zurück. Genotyp F, der Zweitkleinste am niedrigen Standort, kommt am hohen Standort besser zurecht und entwickelte sich dort zum Zweitgrößten. Die Größenverhältnisse veränderten sich also von Standort zu Standort: Jeder Standort ist förderlich für einige Genotypen und hemmend für andere. Kein Standort bietet rundum gute Umweltbedingungen für alle Genotypen (siehe auch Griffiths et al. 2003, S. 20; Schiff und Lewontin 1986; S. 172).[9]

---

[9]Die Validität des Achillea-Beispiels wurde vor einiger Zeit von dem US-Psychologen Thomas Bouchard angezweifelt. Bouchard schreibt: „After detailed scrutiny of the original source, I have been unable to locate the precise figure or set of data ..." (Bouchard 1997, S. 141). Allerdings hatte Bouchard im falschen Buch gesucht – nämlich in Clausen 1940. Die Originalquelle des Achillea-Beispiels findet man in Clausen 1948. Das dem Achillea-Beispiel zugrunde liegende Phänomen ist in der Biologie wohlbekannt und gut belegt (Falconer 1984, S. 181). Vgl. hierzu als argumentativen Gegenentwurf die oft herangezogene Grafik zu Reaktionsnormen des IQ-Wertes von Gottesman (1963, S. 255), die zeigen soll, dass sich die Test-Intelligenz zwar in Abhängigkeit der Umwelt verändern kann, dass der überlegene Genotyp aber in jeder Umwelt überlegen bleibt. Es handelt sich dabei um hypothetische Werte.

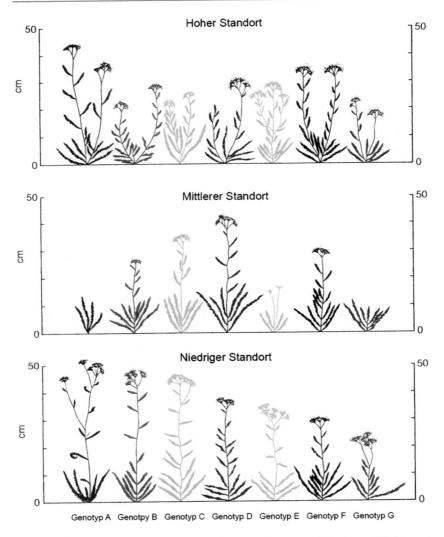

Abb. 6.2 Änderung der Rangordnung je nach Umwelt. (Bild: Carnegie Institute of Washington)

Man sollte also vorsichtig damit sein, Rückschlüsse vom Phänotyp auf den Genotyp zu ziehen. Dasselbe gilt andersherum für Schlüsse vom Genotyp auf den Phänotyp. Der Psychologe Robert Plomin hat verkündet, es werde zukünftig Gentests geben, mit denen man IQ-Entwicklung oder Bildungserfolg von Kindern vorhersagen könne (Plomin 2018a, S. 8).

Skepsis ist angebracht. Die den Gentests zugrunde liegenden polygenen Scores beziehen sich immer nur auf eine bestimmte Umweltsituation – und sagen nichts darüber aus, inwieweit die Eigenschaft durch Umweltveränderung oder Förderung verändert werden kann.

Biologische Grenzen der Förderung

Nehmen wir an, wir hätten einen verlässlichen Wert für den genotypischen Varianzanteil eines Merkmals ermittelt: Die nächste Herausforderung wäre, ihn korrekt zu interpretieren – vor allem in Hinblick auf gesellschaftspolitische Fragestellungen. Ein schwerwiegendes Missverständnis ist die oft gehörte Behauptung, die „Erblichkeit" beeinflusse die Veränderbarkeit der Eigenschaft durch Umweltfaktoren. Intuitiv könnte man annehmen, dass eine „Erblichkeit" von unter 50 % noch einigen Spielraum offen ließe, die Intelligenz durch soziale Intervention (Bildung, Förderung) zu steigern – während diese Möglichkeit bei einem Wert von 80 % schon ziemlich eingeschränkt sei. Das allerdings ist ein Fehlschluss, der selbst in einem aktuellen Standardwerk zur Intelligenzforschung auftaucht. Im „Handbuch Intelligenz" (Rost 2013, S. 392 f.) wird ein Artikel von John B. Carroll zitiert, der Überlegungen dazu anstellt, „welche Grenzen der umweltbedingten Intelligenzförderung in Abhängigkeit von unterschiedlichen Anteilen, mit denen ,Anlage' und ,Umwelt' auf die kognitive Leistungsfähigkeit einwirken, gesteckt sind". Betrüge der genotypische Varianzanteil 100 %, so Carrolls Annahme, könne die Eigenschaft durch Umweltverbesserungen nicht mehr verändert werden (Carroll 1989, S. 142).

© Springer Fachmedien Wiesbaden GmbH, ein Teil von Springer Nature 2019
K.-F. Fischbach und M. Niggeschmidt, *Erblichkeit der Intelligenz,* essentials,
https://doi.org/10.1007/978-3-658-27182-4_7

Ein genotypischer Varianzanteil von 100 % bedeutet jedoch nur, dass die für die Eigenschaft relevanten Umweltwirkungen in der untersuchten Gruppe für alle Individuen gleich sind – nicht unbedingt, dass sie optimal sind. Wären die Umweltwirkungen gleich hemmend, läge der genotypische Varianzanteil ebenfalls bei 100 %. Und natürlich hätten Umweltverbesserungen in diesem Fall eine positive Auswirkung – sie ließen sich nur nicht, wie es das Gedankenexperiment von Carroll unsinnigerweise verlangt, in Standardabweichungen der vorgefundenen Umweltvarianz messen.

Das auf den US-Biologen Richard Lewontin (1988, S. 95) zurückgehende Saatgutbeispiel macht die Logik des Erblichkeitsmodells deutlich: Der genotypische Varianzanteil hat nichts mit „biologischen" Grenzen der Förderung von Individuen oder Gruppen zu tun (siehe Box 3). Wer wissen will, welchen Effekt Förderprogramme auf Individuen oder Gruppen haben, muss dies empirisch untersuchen. Das Erblichkeitsmodell der Intelligenzforschung zeigt hier keine Grenzen auf.

Box 3: Begrenzte Aussagekraft

***Warum der genotypische Varianzanteil (die „Erblichkeit") nur für
Unterschiede innerhalb einer Gruppe gilt***

Stellt man in einem Treibhaus für jede Pflanze gleich gute Wachstumsbedingungen her,
kann man davon ausgehen, dass die nach einiger Zeit feststellbaren Größenunterschiede
ausschließlich genetisch bedingt sind. Der auf Umweltwirkungen zurückzuführende
Varianzanteil der Größe beträgt 0 %, der genotypische Varianzanteil (die „Erblichkeit")
beträgt 100 %.

Der genotypische Varianzanteil (die „Erblichkeit") sagt aber nichts darüber aus,
inwieweit die Größenunterschiede zwischen den Pflanzen dieses Treibhauses und den
Pflanzen eines Nachbartreibhauses genetisch bedingt sind.

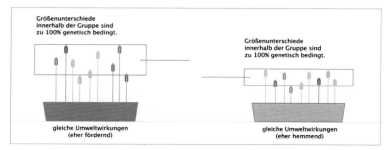

Selbst wenn die „Erblichkeit" innerhalb der Gruppen 100 % beträgt, können die Unterschiede zwischen den Gruppen vollständig umweltbedingt sein.
Der genotypische Varianzanteil (die „Erblichkeit") sagt auch nichts über Zustande-
kommen oder Veränderbarkeit der Größe eines Individuums aus.

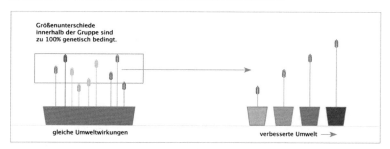

Trotz 100-prozentiger „Erblichkeit" innerhalb der Gruppe: Unter anderen Umweltbedingungen könnte das Individuum sowohl kleiner als auch größer sein.

Die Grafiken sind angelehnt an das Saatgutbeispiel von Lewontin (1988).

Unterschiede zwischen Gruppen 8

Ein weiteres populäres Missverständnis ist die These von der „Erbdummheit" von Unterschichten und Einwanderern. In seinem Buch „Deutschland schafft sich ab" warnt Thilo Sarrazin vor einer Verdummung der Gesellschaft durch die größere Fruchtbarkeit minderintelligenter Gruppen: Intelligenz sei zu 50 bis 80 % „erblich", also habe eine unterschiedliche Fruchtbarkeit von Bevölkerungsgruppen mit unterschiedlicher Intelligenz Auswirkungen auf das durchschnittliche Intelligenzniveau der Bevölkerung (Sarrazin 2010, S. 93, 98).

Das Erblichkeitsmodell kann aber nur Auskunft darüber geben, inwieweit die Unterschiede zwischen den Individuen einer Gruppe genetisch bedingt sind. Wie das Durchschnittsniveau dieser Gruppe zustande kommt – darüber sagt das Modell nichts aus.

Die gemessenen IQ-Werte mögen in oberen Gesellschaftsschichten durchschnittlich höher sein als in den Unterschichten. Der Unterschied zwischen den Gruppen kann aber vollständig auf Umwelteinflüsse zurückzuführen sein (Lewontin et al. 1988, S. 95; vgl. Heinz 2012, S. 68; siehe dazu Box 3).

Umso erstaunlicher ist, dass zwei Intelligenzforscher dem Bestsellerautor in einem Zeitungsartikel bescheinigten, seine Thesen seien „was die psychologischen Aspekte betrifft, im Großen und Ganzen mit dem Kenntnisstand der modernen psychologischen Forschung vereinbar" (Rindermann und Rost 2010). Wie konnten Fachleute übersehen, dass Sarrazin seine Kernthese auf ein Missverständnis aufgebaut hatte?

Offenbar ignorieren auch renommierte Intelligenzforscher die logischen Implikationen des Erblichkeitsmodells. Im Fachbuch „Intelligenz – Fakten und Mythen" von 2009 ist zu lesen: Es werde mehrheitlich innerhalb der gleichen oder benachbarten Intelligenzgruppe geheiratet – und „da Intelligenz zu 50 bis 70 % erblich ist, ergibt sich schon hieraus ein höherer Anteil besser begabter

© Springer Fachmedien Wiesbaden GmbH, ein Teil von Springer Nature 2019
K.-F. Fischbach und M. Niggeschmidt, *Erblichkeit der Intelligenz,* essentials,
https://doi.org/10.1007/978-3-658-27182-4_8

Kinder in oberen Schichten"[1] (Rost 2009, S. 189). Das Buch war eine von Sarrazins deutschen Hauptquellen – in diesen Ausführungen zur „Erbklugheit" der Oberschichten fand Sarrazin die Komplementärthese zu seiner Idee von der „Erbdummheit" der Unterschichten und Einwanderer.

In der aktuellen, unter dem Titel „Handbuch Intelligenz" erschienenen Neuausgabe des Fachbuches formuliert der Autor ein wenig anders: „Bei genetisch verankerten Intelligenzunterschieden in einer Population müssen sich natürlich die einzelnen Mitglieder der Population (auch) bezüglich ihrer genetisch verankerten Intelligenz unterscheiden. Daraus ergibt sich schon ein höherer Anteil besser begabter Kinder in den oberen sozioökonomischen Schichten" (Rost 2013, S. 294).

Auch diese Aussage ist objektiv falsch. Unsere Grafik (Box 3) hilft, die Problematik zu verstehen: Es ist ein kapitaler logischer Fehler, vom genotypischen Varianzanteil innerhalb einer Gruppe ableiten zu wollen, inwieweit die durchschnittlichen Unterschiede zwischen (Sub-)Gruppen genetisch bedingt sind. Das eine hat mit dem anderen nichts zu tun.[2]

In seinem Buch „Feindliche Übernahme" (2018, S. 158) berichtet Thilo Sarrazin von einer Umfrage unter Intelligenzforschern, die sich zu den mutmaßlichen Gründen für Unterschiede bei „kognitiven Fähigkeiten" zwischen den Nationen

---

[1]Rost schreibt: „Ein Hochschullehrer heiratet beispielsweise mit einer höheren Wahrscheinlichkeit eine besser begabte Frau mit Gymnasial- oder Hochschulbildung (Lehrerin, Apothekerin, Ärztin etc.) als eine weniger begabte Frau mit Hauptschulausbildung, die als Bäckerin, Hilfsarbeiterin etc. arbeitet." Ob eine assortative Paarung genotypische Effekte hat, ist in diesem Fall aber völlig unklar – einfach deshalb, weil die Unterschiede zwischen sozialen Gruppen umweltbedingt sein können. Der genotypische Varianzanteil von 50 bis 70 % (die „Erblichkeit") bezieht sich auf Unterschiede innerhalb einer Gruppe – und hat keine Aussagekraft für die Unterschiede zwischen (Sub-)Gruppen (siehe Box 3).

[2]Etwas weichere Formulierungen als bei Rost findet man in einem Text des Humangenetiker André Reis und des Psychologen Frank M. Spinath: „Vor dem Hintergrund der Tatsache, dass Intelligenz sich positiv auf den Bildungs- und Lebenserfolg eines Menschen auswirkt und angesichts des Umstandes, dass Gene die Intelligenzentwicklung substanziell beeinflussen, lässt sich ableiten, dass der größere Bildungserfolg von Kinder aus höheren sozialen Schichten nicht allein mit einer besseren Förderung erklärt werden kann. Es kann davon ausgegangen werden, dass der Zusammenhang zwischen Bildungserfolg und Schichtzugehörigkeit teilweise genetische Ursachen hat." (Reis und Spinath 2018, S. 314) Auch diese Argumentation ist keineswegs zwingend: Aus dem Umstand, dass Gene die Intelligenz*entwicklung* beeinflussen, lassen sich keine Aussagen über die Ursachen für Intelligenz*unterschiede* ableiten.

äußern sollten (Rindermann et al. 2016).[3] Die antwortenden Experten hielten „Gene" für die zweitwichtigste Ursache – unmittelbar nach „Bildung". Insgesamt waren 1345 Experten angefragt worden. Dass nur 71 von ihnen eine Stellungnahme abgaben, mag einen einfachen Grund haben: Auch Experten können lediglich darüber spekulieren, ob „die Gene" bei IQ-Gruppenunterschieden eine Rolle spielen – und nicht jeder mag sich am Spekulieren beteiligen.

Exkurs: Dieter E. Zimmer und die „Erblichkeit" von Gruppenunterschieden

Der Wissenschaftsjournalist Dieter E. Zimmer weiß, dass sich der genotypische Varianzanteil (die „Erblichkeit") auf Unterschiede innerhalb einer Gruppe bezieht – und nicht auf Unterschiede zwischen Gruppen. Dennoch räumt er den Thesen über genetisch bedingte Gruppenunterschiede in seinem Buch „Ist Intelligenz erblich?" viel Platz ein (Zimmer 2012).

Gleich zu Anfang beschreibt Zimmer die Kontroverse um den 1969 erschienenen Aufsatz „Wie stark lassen sich IQ und Schulleistungen steigern?" des US-Psychologen Arthur Jensen. Zimmer zitiert Jensen mit dem Satz:

> „Angesichts der Tatsache aber, dass individuelle Intelligenzunterschiede eine beträchtliche genetische Komponente haben, ist die Vermutung nicht unvernünftig, dass diese auch zu dem Bild (der Gruppendifferenzen) beiträgt."

Gemeint sind IQ-Gruppendifferenzen zwischen Afroamerikanern und der weißen US-Bevölkerung in den 1960er Jahren, also zu einer Zeit, als von Chancengleichheit zwischen den Gruppen keine Rede sein konnte. Suggeriert wird, diese Differenzen seien auch eine Frage der Rasse.

Zimmer gibt zu, dass es sich bei Jensens Aussage um eine Mutmaßung, einen Verdacht, eine nicht weiter untermauerte Hypothese handele, die bis heute nicht bewiesen (aber auch nicht widerlegt) worden und möglicherweise prinzipiell unbeweisbar sei (ebd., S. 18).

---

[3]Rindermann et al. (2016) begründen den Wert von Expertenumfragen unter anderem mit einer Anekdote: Schon Francis Galton habe festgestellt, dass Viehzüchter und Schlachter das Gewicht von Ochsen nahezu korrekt schätzen konnten. Allerdings unterscheiden sich die beiden Fragestellungen ganz grundsätzlich: Beim Gewicht von Ochsen können Expertenschätzungen durch Überprüfung geschult und stets auch objektiviert werden. Das ist bei der vorliegenden Fragestellung nicht der Fall.

Hier zeigt sich eine Argumentationsstrategie, die Zimmer in seinem Buch mehrfach anwendet: Er stellt verschiedene Varianten der These vor, IQ-Unterschiede zwischen Gruppen seien teilweise genetisch bedingt – und erklärt diese Spekulationen für „bisher nicht widerlegt" oder „unwiderlegbar".

„Ist der Leistungsrückstand turkstämmiger Schüler in Deutschland genetisch mitbedingt?", fragt Zimmer in Bezug auf die Sarrazin-Debatte. Und kommt zu dem Ergebnis: „Beweisen lässt sich die genetische Entstehung und Transmission von Gruppenunterschieden durch Populationsvergleiche grundsätzlich nicht. Widerlegen aber auch nicht." (ebd., S. 226).

Eine Umkehr der Beweislast führt allerdings direkt ins Reich der Glaubensansichten und Legenden – diese sind oft ebenfalls nicht widerlegbar.

Auch die Auswahl von Zitaten, die Dieter E. Zimmer für sein Kapitel über IQ-Gruppenunterschiede („Heikel, heikler, am heikelsten", ab S. 185) zusammenträgt, macht deutlich: Beweiskraft ist für Zimmer kein Kriterium. Gesicherte Erkenntnisse seriöser Wissenschaftler stehen hier neben den wackligen Thesen des Neo-Eugenikers Richard Lynn. Von einem Wissenschaftsjournalisten, der sich seit Jahrzehnten mit dem Thema beschäftigt, hätte man eine Gewichtung der Positionen nach ihrer wissenschaftlichen Stichhaltigkeit erwarten können.

Polygene Scores sind nicht ohne weiteres von einer Gruppe auf eine andere Gruppen übertragbar

Lässt sich mithilfe polygener Scores (vgl. Kap. 6) untersuchen, ob Kinder aus höheren sozialökonomischen Schichten „bessere Gene" haben als Kinder aus niedrigen sozialökonomischen Schichten? Lässt sich bestimmten Milieus, Einwanderergruppen, Volksgruppen oder Nationen anhand von Gentests jeweils eine Wahrscheinlichkeit für Bildungsfähigkeit zuordnen?

Solche Zuordnungen können polygene Scores nicht leisten. Die Scores haben eine geringe Erklärungskraft in Bezug auf jene Gruppen, für die sie erstellt wurden (10 bis 15 % der Varianz[4]) – weil die Merkmalsunterschiede nicht ausschließlich genetisch bedingt sind, weil sie nur einen Teil der genetischen Varianz abdecken und weil Interaktionen zwischen Genen nicht berücksichtigt werden. Auf andere Gruppen (oder auf Sub-Gruppen) sind die Scores zudem nicht ohne

---

[4]Polygene Scores für IQ erklären weniger als 10 % der Unterschiede in der untersuchten Gruppe (Sniekers et al. 2017; Savage 2018), polygene Scores für Bildungserfolg weniger als 15 % (Lee 2018).

Weiteres übertragbar. In westlichen Ländern erhobene Scores für Bildungserfolg beispielsweise liefern bei Afro-Amerikanern nochmals sehr viel unschärfere Prognosen als bei Personen europäischer Abstammung (Lee 2018, S. 1116).[5]

Die Erklärungskraft polygener Scores ist von Interaktionen mit der konkreten Umwelt abhängig. Umweltänderungen können als relevant identifizierte Genvarianten unwirksam machen und andere ins Spiel bringen. Deshalb lassen sich aus polygenen Scores keine Aussagen über „angeborene Fähigkeiten" oder „Potenziale" ableiten (vgl. Abb. 6.2).

---

[5]Ähnliche Phänomene sind auch bei anderen Merkmalen zu beobachten. Polygene Scores für „Körpergröße" beispielsweise, die bei europäischen oder europäischstämmigen Probanden erhoben wurden, führen bei anderen Gruppen zu verzerrten Ergebnissen. Prognosen dieser polygenen Scores zufolge müssten Afrikaner kleiner sein als Europäer – was in der Realität aber nicht der Fall ist (Martin et al. 2017, S. 7).

Werden Dumme immer dümmer und Kluge immer klüger?

Die Dysgenik-These besagt, dass westliche Gesellschaften immer dümmer werden, weil minderintelligente Gruppen überdurchschnittlich viele Kinder bekommen. Das wirft die Frage auf: Welche Aussagekraft hat das Erblichkeitsmodell zur Weitergabe einer Eigenschaft an nachfolgende Generationen?

Sehen wir uns eine kontrollierte Laborsituation an. Wenn es keine Mutationen, keine Selektion und keine Änderungen in der Umwelt gibt, bleibt der genotypische Varianzanteil (die „Erblichkeit") der Eigenschaft innerhalb einer Population von Generation zu Generation gleich. Der genotypische Varianzanteil für die Eigenschaft „Körpergröße" beträgt dann beispielsweise in der Elterngeneration 80 % und in der nachfolgenden Generation ebenfalls 80 %.

Doch was passiert, wenn sich die Einflussfaktoren ändern? Eine Komponente des genotypischen Varianzanteils, der additive genotypische Varianzanteil, ist ein Maß für die Vorhersage von Züchtungserfolgen. Man spricht in diesem Zusammenhang von „Erblichkeit" (Heritabilität) im engeren Sinne (h^2). Dass man Teilaspekte von Intelligenz bei Tieren durch gezielte Selektion verändern kann, ist unstrittig. Beispielsweise ist es gelungen, „kluge" und „dumme" Ratten-Populationen zu züchten, die sich im Labyrinth besonders gut oder schlecht zurechtfinden (Tyron 1940).[1]

Bei der Diskussion um die Frage, ob eine menschliche Population immer dümmer wird, weil sich „Minderintelligente" überdurchschnittlich vermehren, hilft der Hinweis auf Tierexperimente jedoch nicht weiter, denn wir haben es weder mit einer Züchtungs- noch mit einer kontrollierten Laborsituation zu tun: Es gibt keine zielgerichteten Selektionsmaßnahmen. Es gibt keine isolierten, genetisch in sich

---

[1]Cooper und Zubek (1958) konnten allerdings zeigen, dass die Unterschiede zwischen den „klugen" und „dummen" Rattenpopulationen von den Aufzuchtsbedingungen abhängig waren und unter angereicherten, reizstarken Aufzuchtbedingungen wieder kleiner wurden.

© Springer Fachmedien Wiesbaden GmbH, ein Teil von Springer Nature 2019
K.-F. Fischbach und M. Niggeschmidt, *Erblichkeit der Intelligenz,* essentials,
https://doi.org/10.1007/978-3-658-27182-4_9

abgeschlossenen Populationen. Und es gibt keine konstante Umweltvarianz über die Generationen hinweg. Man muss sich meist nur die eigene Familiengeschichte vor Augen führen, um zu verstehen: Enkel wachsen in teilweise völlig anderen Lebensverhältnissen auf als ihre Großeltern und die Generationen zuvor.

Der genotypische Varianzanteil verändert sich aber, wenn die Einflussfaktoren nicht konstant bleiben. Auf „freilaufende" Menschen in offenen Gesellschaften ist das Züchtungsmodell der quantitativen Genetik nicht anwendbar.

Eine polygene (also durch viele Gene beeinflusste) Eigenschaft „erbt" ein Individuum nicht einfach von seinen Eltern[2] – auch nicht in Teilen oder zu einem bestimmten Prozentsatz. Was Eltern an ihr Kind weitergeben, ist eine neue, individuelle Kombination von Genzuständen (Allelen), die in einem multifaktoriellen und komplizierten Wechselwirkungsprozess mit der Umwelt zur Ausprägung der Eigenschaft beitragen und in dieser Konstellation als *Weltneuheit* erstmals ausgetestet werden.

Dass es bei solch komplexen menschlichen Eigenschaften zu stabilen genotypischen Differenzierungen kommt, dass sich unsere Gesellschaft also aufspaltet in Gruppen mit hoher und mit geringer IQ-Test-Begabung, ist nicht zu erwarten.[3] Eine der Voraussetzungen dafür wäre nämlich, dass Gruppen über viele Generationen hinweg reproduktiv voneinander isoliert leben (vgl. Tautz 2012). Solche Konstellationen gibt es beim Menschen heute fast gar nicht mehr – und erst recht nicht bei den sozialen Gruppen derselben Gesellschaft.

Nehmen wir an, „Niedrig-IQ"-Gruppen bekämen tatsächlich mehr Kinder als „Hoch-IQ"-Gruppen – eine Prognose für die Entwicklung der Gesamtgesellschaft ließe sich daraus schon deshalb nicht ableiten, weil die Unterschiede zwischen den Gruppen, wie wir gesehen haben, gänzlich umweltbedingt sein können (siehe Kap. 8).

Das macht Vorhersagen schwierig. Obwohl seit dem vorletzten Jahrhundert immer wieder eine „Verschlechterung der Rasse" durch die übermäßige Vermehrung

---

[2]Einfache Vorhersagen anhand der Mendelschen Regeln sind hier nicht mehr praktikabel. Mendel hat die Erbgänge von Merkmalen beschrieben, die durch ein, zwei oder wenige Gene determiniert werden. Test-Intelligenz ist aber eine hochgradig polygene (durch tausende von Genen beeinflusste) und umweltabhängige Eigenschaft.

[3]Die Theorie von der Entmischung der Genpools hat der US-Psychologe Richard J. Herrnstein formuliert. Er schreibt: Die zunehmende soziale Durchlässigkeit der Gesellschaft werde eine „scharfe soziale Staffelung" zur Folge haben: Die erbbedingte Trennung zwischen oben und unten werde zunehmen, hinsichtlich der ererbten Fähigkeiten werde in den Familien eine immer größere Einförmigkeit herrschen (Herrnstein, S. 141), bis am Ende eine IQ-bestimmte Klassengesellschaft entstehe. Sarrazin nimmt diesen Gedanken auf und spricht von einer „Entleerung der Unterschichten von intellektuellem Potenzial" (Sarrazin 2010, S. 227). Vom genetischen Standpunkt aus ist das nicht nachvollziehbar. Durch die zunehmende Durchlässigkeit der Gesellschaft gibt es zwischen den Gruppen einen ständigen Genaustausch, der eben gerade nicht die sympatrische Entstehung getrennter „genetischer" Gruppen fördert.

von Minderbegabten prognostiziert wurde (Galton 1869/1919, S. 383; vgl. auch Abb. 9.1), ist das Bildungs- und Qualifikationsniveau der Menschen in den Industrieländern deutlich angestiegen. Dass auch die Test-Intelligenz stark zugenommen hat (Flynn 2013)[4], bringt die Anhänger der Dysgenik-These in Erklärungsnot: Sie vermuten, dass die „phänotypische Intelligenz" aus Umweltgründen angestiegen ist, während die „genotypische Intelligenz" im Verborgenen absinkt (Lynn 1996, S. 111). Indizien oder gar Beweise für diese Theorie gibt es nicht.[5]

Abb. 9.1 Intelligenztest bei einer Immigrantin auf Ellis Island (USA 1915): Intelligenztester kamen zu dem Ergebnis, 83 % der jüdischen, 79 % der italienischen und 87 % der russischen Immigranten seien schwachsinnig. Das schürte die Sorge vor dem „Absinken der amerikanischen Intelligenz" durch Zuwanderung (Chorover 1985, S. 101). (Foto: Courtesy of Scientific American, New York)

---

[4]Der Anstieg dauerte erwiesenermaßen bis in die 1990er Jahre hinein. Es wird darüber diskutiert, ob die Test-Leistungen mittlerweile stagnieren oder wieder absinken – und welche Gründe das haben könnte (siehe z. B. Rindermann et al. 2017; Bratsberg 2018; Schaarschmidt 2019). Ob es tatsächlich eine Trendumkehr gibt, ist allerdings unklar.

[5]Der Psychologe Heiner Rindermann konzediert, man könne die genotypische Intelligenz nicht messen, und deshalb sei die Dysgenik-These bisher empirisch nicht belegt (Rindermann 2013, S. 299). Durch das Wort „bisher" suggeriert Rindermann allerdings, es stehe außer Zweifel, dass dieser Beleg eines Tages noch erbracht wird.

Bildungsexpansion und Flynn-Effekt 10

Das Motiv der Dysgenik taucht nicht nur in Thilo Sarrazins „Deutschland schafft sich ab" auf, sondern auch in Büchern von Udo Ulfkotte (2011) und Akif Pirinçci (2014). Auch diese Autoren haben eine beträchtliche Leserschaft. In Pirinçcis politischem Pamphlet „Deutschland von Sinnen" degeneriert die gesamte „muslimische Welt", während der durchschnittliche Intelligenzquotient in Europa „seit dem Mittelalter" um geschätzte 30 Punkte ansteigt. Anders als Sarrazin und Ulfkotte bemüht sich Pirinçci gar nicht um den Anschein von Seriosität. „Holt euch (…) die Zahlen über den durchschnittlichen IQ im Ländervergleich von der Weltgesundheitsorganisation ab und erschreckt", schreibt Pirinçci (S. 45 f.). Die Weltgesundheitsorganisation hat keinen IQ-Ländervergleich vorgelegt, wohl aber der britische Psychologe und Neo-Eugeniker Richard Lynn (2002).

Die von Lynn propagierte Idee, man könne den Durchschnitts-IQ eines Volkes als Ursache für dessen Wohlstandsniveau deuten, beruht auf einem Zirkelschluss ohne Aussagekraft – denn die Umweltbedingungen (sozioökonomische Lage, Bildungschancen) haben ihrerseits Einfluss auf die IQ-Entwicklung.

Mehr Erkenntnis bietet die historische Perspektive, die der neuseeländische Politologe James R. Flynn durch seine Untersuchung nicht normierter IQ-Test-Rohdaten eröffnet hat. IQ-Tests werden regelmäßig nachjustiert, um den mittleren IQ bei 100 zu halten. Nach aktuellen Maßstäben käme die Bevölkerung der Industrieländer des Jahres 1900 beim Lösen der Test-Aufgaben ähnlich schlecht weg wie die heutige Bevölkerung von Entwicklungsländern (Flynn 2013a, S. 52; Flynn 2013b; vgl: Pietschnig und Voracek 2015). Legt man jedoch die Test-Maßstäbe des Jahres 1900 an, erreicht die heutige Bevölkerung der Industrieländer im Schnitt beinahe die Grenze zur „Hochbegabung".

Warum ist die Test-Intelligenz in den Industrieländern so rapide angestiegen? Genotypische Veränderungen kommen als Ursache schon deshalb nicht infrage,

© Springer Fachmedien Wiesbaden GmbH, ein Teil von Springer Nature 2019
K.-F. Fischbach und M. Niggeschmidt, *Erblichkeit der Intelligenz, essentials*,
https://doi.org/10.1007/978-3-658-27182-4_10

weil die Zeit dafür viel zu kurz war. Es müssen also Umweltfaktoren wirksam gewesen sein – und einer davon ist die Bildungsexpansion. Wir sind nicht begabter als unsere Großeltern und Urgroßeltern, haben aber bessere Entwicklungschancen. Und formale Bildung trainiert eben jene Fähigkeiten, die in IQ-Tests abgefragt werden.

Die Situation der Menschen in den Industrieländern um 1900 zeigt auch, wie unseriös es wäre, mithilfe von IQ-Tests die „Bildungsfähigkeit" von Gruppen diagnostizieren zu wollen.

Exkurs: Fördert Wohlstand den IQ?

Warum man bei Adoptionsstudien nicht nur Korrelationen, sondern auch Mittelwerte betrachten sollte

Es wird immer wieder darauf hingewiesen, dass die Test-Intelligenz adoptierter Kinder mit der Test-Intelligenz ihrer leiblichen Eltern stärker korreliert als mit der ihrer Adoptiveltern. Aus diesem Zusammenhang ableiten zu wollen, dass die IQ-Entwicklung größtenteils genetisch determiniert sei, wäre allerdings falsch.

Bei der Ähnlichkeit zwischen adoptierten Kindern und ihren Adoptiveltern ist die Umwelt der alles entscheidende Faktor, denn es besteht keine „genetische" Verwandtschaft. Die Korrelation zwischen dem IQ der adoptierten Kinder und dem IQ der Adoptiveltern beantwortet deshalb nur die Frage nach der Umweltwirkung des IQ der Adoptiveltern (Fischbach 1985, S. 120). Doch außer dem IQ der Adoptiveltern gibt es noch andere wichtige Umweltwirkungen auf die IQ-Entwicklung der Kinder – beispielsweise die von den Adoptiveltern bereitgestellte „Nestwärme", der Zugang zu Bildungsgütern, das schulische Umfeld oder die Wertschätzung von Bildung in der jeweiligen Peergroup. Die Korrelation zwischen dem IQ der Adoptiveltern und dem IQ der Adoptivkinder beschreibt also nur einen Teilaspekt der Umweltwirkungen. Aus dem Vergleich zwischen den IQ-Korrelationen von Adoptivkindern/leiblichen Eltern und von Adoptivkindern/Adoptiveltern lässt sich deshalb nicht ableiten, wie der Einfluss von Genen und Umwelt auf die Entwicklung von Test-Intelligenz zu gewichten ist.

Adoptionen erfolgen nicht nach dem Zufallsprinzip. Die für die Adoption zuständigen Stellen treffen eine Vorauswahl nach sozialen und materiellen Kriterien. Dass es stark wirksame positive Umweltänderungen gibt, wenn Kinder aus schwierigen sozialen Verhältnissen von wohlhabenden Eltern adoptiert werden, zeigt sich, wenn man statt der Korrelationen die Mittelwerte betrachtet:

Die adoptierten Kinder entwickeln einen deutlich höheren IQ als ihre leiblichen Eltern. Im Durchschnitt erreichen die adoptierten Kinder ein IQ-Niveau, das den Erwartungswerten der sozialen Schicht der Adoptiveltern entspricht (Schiff et al. 1982).

Zweierlei Ähnlichkeiten

Fiktives Beispiel zur Veranschaulichung des Unterschieds zwischen Korrelation und Mittelwert

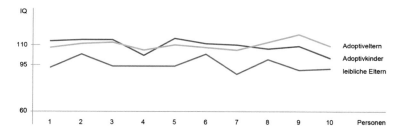

Ähnlichkeit von Adoptivkindern zu ihren Adoptiveltern und zu ihren leiblichen Eltern. Die zehn Datentripletts unserer Grafik sind fiktiv. Sie wurden aber so ausgewählt, dass sie Korrelationen und Mittelwerten entsprechen, die in der Fachliteratur zu finden sind. (Die Konzeption der Beispielgrafik ist angelehnt an: Rosemann 1979, S. 144)

Korrelative Ähnlichkeit In unserer Grafik ergibt sich aus der Korrelation, wie sehr der Kurvenverlauf einer Gruppe dem Kurvenverlauf einer anderen Gruppe ähnelt. Gäbe es eine sehr hohe Korrelation zwischen zwei Gruppen, würden die Kurven beinahe parallel verlaufen. Je geringer die Korrelation, desto unterschiedlicher wäre der Kurvenverlauf. Die Korrelationen geben im vorliegenden Fall Hinweise zur Beantwortung der Fragen: Haben leibliche Eltern mit einem vergleichsweise hohen IQ tendenziell auch Kinder mit einem vergleichsweise hohen IQ? Gibt es einen entsprechenden Zusammenhang zwischen den Adoptiveltern und ihren jeweiligen Adoptivkindern?

Die Kurvenverläufe in unserer Grafik entsprechen den Korrelationen, die im Lehrbuch „Gene, Umwelt und Verhalten" (Plomin 1999, S. 125) genannt sind. Die Korrelation zwischen den Adoptivkindern und den Adoptiveltern (0,19) ist demnach geringer als die Korrelation zwischen den Adoptivkindern und den leiblichen Eltern (0,24). Um hohe Korrelationen handelt es sich in beiden Fällen nicht.

Niveau-Ähnlichkeit Eine andere Art von Ähnlichkeit wird untersucht, indem man die IQ-Mittelwerte der Gruppen vergleicht. Für unser Beispiel haben wir die IQ-Mittelwerte übernommen, die in der Studie „How much could we boost scholastic achievement and IQ scores?" (Schiff et al. 1982, S. 176) aufgelistet sind: Der IQ-Erwartungswert der sozialen Schicht der leiblichen Eltern beträgt demnach etwa 95. Die IQ-Werte der Adoptivkinder liegen im Mittel etwa 14 Punkte darüber – und damit nahe am Niveau jener sozialen Schicht (IQ-Mittelwert 110), der die Adoptiveltern angehören. Die Niveau-Ähnlichkeit zwischen Adoptivkindern und Adoptiveltern zeigt die Wirksamkeit fördernder Umwelteinflüsse. Der IQ der Adoptiveltern, bei denen die Kinder aufwachsen, ist nur *einer* dieser Umwelteinflüsse – und wahrscheinlich nicht mal der wichtigste.

Indikator für Chancengleichheit **11**

Missverständnisse und Spekulationen aus dem Bereich der Intelligenzforschung werden in populären Büchern und Massenmedien aufgegriffen und setzen sich im Bewusstsein der breiten Öffentlichkeit fest. Deshalb ist wichtig zu verstehen, wo die blinden Flecken des Erblichkeitsmodells liegen.

Der genotypische Varianzanteil der Eigenschaft innerhalb einer Gruppe sagt nichts darüber aus,

- inwieweit diese Eigenschaft durch Umweltveränderungen gefördert werden kann,
- wie die Ausprägung der Eigenschaft eines einzelnen Individuums zustande kommt,
- wie die durchschnittlichen Unterschiede der Eigenschaft zwischen einer Gruppe und einer anderen Gruppe zustande kommen
- und wie die Eigenschaft in einer offenen Gesellschaft (mit sich teilweise rapide ändernden Umweltwirkungen) auf nachfolgende Generationen „vererbt" wird.

Hat die Bestimmung des genotypischen Varianzanteils überhaupt einen Erkenntniswert? Welche Aussagen lassen sich aus dem Erblichkeitsmodell für die Eigenschaft „Test-Intelligenz" ableiten?

Wäre der genotypische Varianzanteil valide messbar, könnte er am treffendsten als Indikator für Chancengleichheit interpretiert werden: Er würde etwas aussagen über die Gleichheit oder Ungleichheit der Chancen, die Individuen innerhalb der untersuchten Gruppe haben, ihre Potenziale zu entwickeln (vgl. Stern und Neubauer 2013, S. 93; Tucker-Drob et al. 2013). Hätte man in einer Gruppe einen genotypischen Varianzanteil von 80 % ermittelt, würde dies auf

© Springer Fachmedien Wiesbaden GmbH, ein Teil von Springer Nature 2019
K.-F. Fischbach und M. Niggeschmidt, *Erblichkeit der Intelligenz,* essentials,
https://doi.org/10.1007/978-3-658-27182-4_11

einen relativen Mangel an Chancengleichheit hindeuten. Gleiche Entwicklungschancen wären erst bei 100 % genotypischem Varianzanteil erreicht.

Gleiche Entwicklungschancen bedeuten allerdings nicht: identische Umwelt für alle. Für das eine Individuum kann förderlich sein, was für das andere Individuum hemmend ist. Dass Umweltfaktoren je nach Genotyp unterschiedliche Wirkungen entfalten können, zeigt ein Beispiel: Angenommen, die Individuen einer hypothetischen, nicht flug- und kletterfähigen Tierart würden sich im Wettbewerb von Äpfeln ernähren müssen, und es gäbe nur eine Apfelbaumsorte, deren Früchte hoch hängen. Kleinere Individuen wären in diesem Szenario benachteiligt. Sie wären unterernährt, blieben möglicherweise hinter ihren körperlichen Entwicklungsmöglichkeiten zurück. Nur eine vielfältige Umwelt mit unterschiedlichen Apfelbaumsorten würde Chancengleichheit für alle Individuen mit sich bringen und den umweltbedingten Varianzanteil reduzieren.

Auch bei der Intelligenzentwicklung ist Chancengleichheit nicht als simple Angleichung der Umwelt zu verstehen: Jedes Kind ist unterschiedlich; das eine ist eigensinnig und leicht ablenkbar, das andere angepasst und lernwillig. Nicht jeder Schüler kommt mit demselben Lehrer gleich gut zurecht. Lehrmethoden und Schulformen wirken auf jeden Schüler anders – und dasselbe gilt für andere Umweltbedingungen, die auf irgendeine (uns möglicherweise gar nicht bekannte) Weise Einfluss auf die messbaren oder nicht-messbaren Aspekte dessen haben, was wir gemeinhin unter Intelligenz verstehen.

Am Ende wäre man bei einem klassischen pädagogischen Postulat angelangt, für dessen Formulierung man die komplizierten Modelle und Formeln der Intelligenzforschung gar nicht benötigt hätte: Man sollte versuchen, jedes Kind seiner eigenen Persönlichkeit entsprechend optimal zu fördern.

Was Sie aus diesem *essential* mitnehmen können

1. IQ-Tests messen nicht „Intelligenz", sondern die allgemeine Fähigkeit, IQ-Test-Aufgaben zu lösen. Deshalb sollte man im Zusammenhang mit dem IQ lieber den Begriff „Test-Intelligenz" verwenden.
2. Wenn Intelligenzforscher von „erblich" sprechen, beziehen sie sich auf ein Modell aus der quantitativen Genetik. Es beschreibt, zu welchem Anteil die in einer Gruppe vorgefundenen Merkmalsunterschiede auf genetische Unterschiede zurückzuführen sind.
3. Die fachsprachliche Bedeutung von „erblich" deckt sich nicht mit dem alltagssprachlichen Gebrauch des Begriffs. In der Alltagssprache wird „erblich" mit angeborenen, unveränderlichen Eigenschaften assoziiert – und auf das Individuum bezogen. Das führt zu Fehlinterpretationen.
4. Wissenschaftler und Lehrende sollten sich um eine unmissverständliche Diktion bemühen und statt „Erblichkeit" lieber den treffenderen Begriff „genotypischer Varianzanteil" verwenden.
5. Der genotypische Varianzanteil (die „Erblichkeit") ist keine Naturkonstante: Er kann in Abhängigkeit von Umwelteinflüssen und anderen Varianzquellen zwischen nahezu null und über 90 % liegen.
6. Studien zufolge sind eineiige Zwillingsgeschwister einander hinsichtlich ihres IQ ähnlicher als zweieiige Zwillingsgeschwister. Das bedeutet: IQ-Unterschiede innerhalb einer Gruppe sind teilweise genetisch bedingt.
7. Genomweite Assoziationsstudien zeigen: Zum genotypischen Varianzanteil tragen nicht einige wenige, sondern zehntausende oder mehr Genvarianten bei. Die Prognosekraft der aus den Assoziationsstudien abgeleiteten polygenen Scores ist allerdings gering – und von Interaktionen mit der konkreten Umwelt abhängig.

© Springer Fachmedien Wiesbaden GmbH, ein Teil von Springer Nature 2019
K.-F. Fischbach und M. Niggeschmidt, *Erblichkeit der Intelligenz,* essentials,
https://doi.org/10.1007/978-3-658-27182-4

8. Der genotypische Varianzanteil (die „Erblichkeit") hat nichts mit biologischen Grenzen der Förderung zu tun.

9. Studien zufolge korrelieren Adoptivkinder hinsichtlich ihres IQ stärker mit ihren leiblichen Eltern als mit ihren Adoptiveltern. Aussagekräftiger ist aber ein anderes Ergebnis: Im Schnitt erreichen Adoptivkinder eine Test-Intelligenz, die in etwa dem Erwartungsniveau der sozialen Schicht ihrer Adoptiveltern entspricht.

10. Der genotypische Varianzanteil (die „Erblichkeit") sagt nichts darüber aus, wie IQ-Unterschiede zwischen Gruppen zustande kommen. Selbst bei einem genotypischen Varianzanteil von 100 % können Unterschiede zwischen Gruppen vollständig umweltbedingt sein.

11. Seit dem vorletzten Jahrhundert warnen Publizisten immer wieder vor einem genetischen Niedergang („Dysgenik"), da „Minderintelligente" angeblich zu viele Kinder bekommen. Die Test-Intelligenz ist unterdessen stark angestiegen.

12. Der „Grad der Chancengleichheit" ist die treffendste Interpretation dessen, worüber das Erblichkeitsmodell im Zusammenhang mit der Eigenschaft „Test-Intelligenz" Auskunft geben kann. Gleiche Entwicklungschancen für jedes Individuum wären bei einem genotypischen Varianzanteil von nahe 100 % erreicht.

13. Wer hat „gute Gene"? In einer bestimmten Umwelt kann Genotyp A bei der Ausprägung einer Eigenschaft gegenüber Genotyp B im Vorteil sein. In einer anderen Umwelt kann es umgekehrt sein. Deshalb ist das Potenzial eines Genotyps in einer sich dynamisch ändernden Welt schwer vorhersagbar.

Literatur

Billig M (1981) Die rassistische Internationale. Zur Renaissance der Rassenlehre in der modernen Psychologie. Neue Kritik, Frankfurt a. M.

Blawat K (2018) Die Abitur-Gene, Süddeutsche Zeitung. München

Borkenau P (1993) Anlage und Umwelt. Eine Einführung in die Verhaltensgenetik. Hogrefe, Göttingen

Bouchard TJ, McGue M (1981) Familial studies in intelligence: a review. Science 212:1055–1059

Bouchard T, Lykken D, McGue M, Segal N, Tellegen A (1990) Sources of human psychological differences: the minnesota study of twins reared apart. Science 250(4978):223–228

Bouchard T (1997) IQ similarity in twins reared apart: findings and responses to critics. In: Sternberg RJ, Grigorenko EL (Hrsg) Intelligence, herdity, and environment. Cambridge University Press, Cambridge, S 126–160

Bratsberg B, Rogeberg O (2018) Flynn effect and its reversal are both environmentally caused. PNAS June 26, 115(26):6674–6678

Bruder CEG et al (2008) Phenotypically concordant and discordant monozygotic twins display different dna copy-number-variation profiles. Am J Hum Genet 82:763–771

Carroll JB (1989) Intellectual abilities and aptitudes. In: Lesgold A, Glaser R (Hrsg) Foundations for a psychology of education. Lawrence Erlbaum, Hillsdale, S 137–197

Cavalli-Sforza L (1995) The great human diasporas. The history of diversity and evolution. Basic Books, New York

Chorover SL (1982) Die Zurichtung des Menschen. Campus, Frankfurt a. M.

Clausen J et al (1940) Effects of varied environments on western North American plants. (Experimental Studies on the Nature of Species I). Carnegie Institution of Washington Publication 520, Washington D.C.

Clausen J et al (1948) Environmental Responses of Climatic Races of Achillea (Experimental Studies on the Nature of Species III). Carnegie Institution of Washington Publication 581, Washington D.C.

Cooper RM, Zubek JP (1958) Effects of enriched and restricted early environments on the learning ability of bright and dull rats. Canadian J Psychol 12(3):159–164

de Wolff E, Schärer K, Lejeune J (1962) Contribution a l'étude du jumeaux mongoliens. Un cas de monozygotisme hétérocaryote. Helv Pardiatr Acta 17:301–328

Dobzhansky T (1955) Evolution, genetics, and man. Wiley, New York

© Springer Fachmedien Wiesbaden GmbH, ein Teil von Springer Nature 2019
K.-F. Fischbach und M. Niggeschmidt, *Erblichkeit der Intelligenz,* essentials,
https://doi.org/10.1007/978-3-658-27182-4

Gottesman I (1963) Genetic aspects of intelligent behavior. In: Ellis NR (Hrsg) Handbook of mental deficiency. McGraw-Hill, New York, S 253–296

Enzensberger HM (2007) Im Irrgarten der Intelligenz. Ein Idiotenführer. Suhrkamp, Frankfurt a. M.

Falconer DS (1984) Einführung in die quantitative Genetik. Ulmer UTB, Stuttgart

Fischbach K-F (1985) Grundzüge der Genetik – Medizin von heute, vol 27. Troponwerke, Köln

Fischbach K-F, de Couet H, Hofbauer M (2003) Neurogenetik. In: Seyffert W (Hrsg) Lehrbuch der Genetik. Spektrum, Heidelberg, S 832–931

Flynn JR (2013) Intelligence and human progress. Elsevier, Oxford

Flynn JR (2013b) Why our IQ levels are higher than our grandparents'. Ted Talks, Long Beach. https://www.youtube.com/watch?v=9vpqilhW9uI.Zugegriffen: Juli 2018.

Funke J, Vaterrodt B (2009) Was ist Intelligenz? 3. Aufl. Beck, München

Fox Keller E (2010) The mirage of a space between nature and nurture. Duke University Press, Durham

Galton F (1919, urspr. 1869) Genie und Vererbung. Klinkhardt, Leipzig

Gillborn D (2016) Softly, softly: genetics, intelligence and the hidden racism oft he new geneism. J Educ Policy 31(4):365–388

Goodman CS (1979) Isogenic grasshoppers: genetic variability and development of identified neurons. In: Breakfield XO (Hrsg) Neurogenetics: genetic approaches to the nervous system 101–151. Elsevier, New York

Gottschling J et al (2018) Socioeconomic status amplifies genetic effects in middle childhood in a large German twin sample. Intelligence 72:20–27

Gould SJ (1983) Der falsch vermessene Mensch. Suhrkamp, Basel

Griffiths AJF, Wessler SR, Lewontin RC, Gelbart WM, Suzuki DT, Miller JH (2003) An introduction to genetic analysis. Freeman & Co, New York

Gruber H, Prenzel M, Schiefele H (2014) Spielräume für die Veränderung durch Erziehung. In: Seidel T, Krapp A (Hrsg) Pädagogische Psychologie. Belz, Weinheim, S 93–115

Guo SW (2000) Gene-environment interaction and the mapping of complex traits: some statistical models and their implications. Hum Hered. Sep–Oct 50(5):286–303

Haller M, Niggeschmidt M (2012) Der Mythos vom Niedergang der Intelligenz. Von Galton zu Sarrazin. Die Denkmuster und Denkfehler der Eugenik. Springer VS, Wiesbaden

Harden P (2018) Some personal reflections on the genetics of intelligence. GHA Project Blog, 16 Jan. http://www.geneticshumanagency.org/ff/some-personal-reflections-on-the-genetics-of-intelligence/. Zugegriffen: Juli 2018

Haydar TF, Reeves RH (2012) Trisomy and early brain development. Trends Neurosci 35:81–91

Heinz A (2012) Intelligenz versus Integration? In: Heinz A, Kluge U (Hrsg) Einwanderung – Bedrohung oder Zukunft?. Campus, Frankfurt, S 54–79

Herrnstein RJ (1974) Chancengleichheit – eine Utopie? Die IQ-bestimmte Klassengesellschaft. DVA, Stuttgart

Herrnstein RJ, Murray C (1994) The bell curve. Intelligence and class structure in American life. Simon & Schuster, New York

Humml S (2018) Erbgutanalyse: Forscher entdecken 40 Intelligenzgene. Spiegel.de, Hamburg. http://www.spiegel.de/gesundheit/diagnose/genforschung-wissenschaftler-entdecken-40-intelligenz-gene-a-1148828.html. Zugegriffen: März 2019

Jencks C (1975) Inequality: a reassessment of the effect of family and schooling in America. Penguin Books, Harmondsworth

Joseph J (2004) The Gene Illusion. Genetic Research in Psychiatry an Psychology Unter the Microscope. Algora Publishing, New York

Joseph J (2015) Twin studies are still in trouble. 2. Nov. https://www.madinamerica.com/2015/11/twin-studies-are-still-in-trouble-a-response-to-turkheimer/. Zugegriffen: Okt. 2018

Kaplan JM (2015) Heritability: a handy guide to what it means, what it doesen't mean, and that giant meta-analysis of twin studies. Scientiasalon.wordpress.com. https://scientiasalon.wordpress.com/2015/06/01/heritability-a-handy-guide-to-what-it-means-what-it-doesnt-mean-and-that-giant-meta-analysis-of-twin-studies/. Zugegriffen: Sept. 2018

Kuhbandner C (2018) Fataler Fehlschluss. Süddeutsche Zeitung, München

Lai CS, Fisher SE, Hurst JA, Vargha-Khadem F, Monaco AP (2001) A forkhead-domain gene is mutated in a severe speech and language disorder. Nature 413(6855):519

Lee JJ, Wedow R et al (2018). Gene discovery and polygenic prediction from a genome-wide association study of educational attainment in 1.1 million individuals. Nature Genetics 50: 1112–1121 (FAQs zur Studie: https://www.thessgac.org/faqs. Zugegriffen: Sept. 2018)

Lewontin R, Rose S, Kamin L (1988) Die Gene sind es nicht – Biologie. Ideologie und die menschliche Natur. Psychologie Verlags Union, München

Loehlin JC, Nichols RC (1976) Heredity, environment, and personality. A study of 850 sets of twins. University of Texas Press, Austin

Lynn R (1996) Dysgenics – genetic deterioration in modern populations. Praeger, Westport

Lynn R (2002) IQ and the wealth of nations. Praeger, Westport

Martin AR, Gignoux CR, Walters RK, Wojcik GL, Neale BM, Gravel S et al (2017) Human demographic history impacts genetic risk prediction across diverse populations. Am J Hum Genet 100(4):635–649

Moore DS (2003) The dependent gene. The fallacy of "nature vs. nurture". Owl Book, New York

Moore DS (2015) The developing genome. An introduction to behavioral epigenetics. Oxford University Press, Oxford

Moore DS, Shenk D (2017) The heritability fallacy. WIREs Cogn Sci 2017(8):e1400

Mukherjee M (2017) Das Gen – eine sehr persönliche Geschichte. S. Fischer, Frankfurt a. M.

Neubauer A (2017) Sarrazin ist ein schwieriges Thema. Spiegel Wissen: Intelligenz – wie sie entsteht und wie man sie fördert, Nr. 4/2017, S 86–89

Nisbett RE (2012) Intelligence: new findings and theoretical developments. Am Psychol 67(2):130–159

Pietschnig J, Voracek M (2015) One century of global IQ gains: a formal meta-analysis of the Flynn effect. Perspect Psychol Sci 10(3):282–306

Pirinçci A (2014) Deutschland von Sinnen. Lichtschlag, Waltrop

Plomin R, DeFries JC, McClearn GE, Rutter M (1999) Gene, Umwelt und Verhalten. Einführung in die Verhaltensgenetik. Huber, Bern

Plomin R, von Stumm S (2018) The new genetics of intelligence. Nat Rev Genet 19(3):148–159

Plomin R (2018a) Blueprint. How DNA makes us who we are. Penguin Books, London

Plomin R (2018b) Sie werden, was sie sind. Die Zeit, Hamburg

Poldermann TJC et al (2015) Meta-analysis of the heritability of human traits based on fifty years of twin studies. Nat Genet 47(7):702–709

Rebitschek F (2019) Große Unsicherheiten. Zur Aussagekraft von Gentests für die Vorhersage von Volkskrankheiten. KVH-Journal 1(2019):8–12.

Reis A, Spinath FM (2018) Genetik der allgemeinen kognitiven Fähigkeit. Medizinische Genet 3(2018):306–317

Rindermann H, Rost D (2010) Was ist dran an Sarrazins Thesen? Frankfurter Allgemeine Zeitung, Frankfurt a. M.

Rindermann H (2013) (Rezension zu:) Haller M, Niggeschmidt M (Hrsg) (2012) Der Mythos vom Niedergang der Intelligenz/D. E. Zimmer (2012) Ist Intelligenz erblich? Eine Klarstellung. Zeitschrift für Pädagogische Psychologie 27(4):295–304

Rindermann H, Becker D, Coyle TR (2016) Survey of expert opinion on intelligence: causes of international differences in cognitive ability tests. Frontiers in Psychology 7:1–9

Rindermann H, Becker D, Coyle TR (2017) Survey of expert opinion on intelligence: the Flynn effect and the future of intelligence. Pers Individ Differ 106:242–247

Rosemann H (1979) Intelligenztheorien. Forschungsergebnisse zum Anlage-Umwelt-Problem im kritischen Überblick. Rowohlt, Reinbek bei Hamburg

Rost D (2009) Intelligenz – Fakten und Mythen. Beltz, Weinheim

Rost D (2013) Handbuch Intelligenz. Beltz, Weinheim

Roth G (2011) Gene und Erziehung – Fördert eine rigide Erziehung den Intellekt, Herr Professor Roth? Geo Kompakt: Intelligenz, Begabung, Kreativität 28(9):60–70

Sarrazin T (2010) Deutschland schafft sich ab. DVA, München

Sarrazin T (2016) Hätte man auf mich gehört, gäbe es heute keine AfD. Frankfurter Allgemeine Sonntagszeitung, Frankfurt a. M.

Sarrazin T (2018) Feindliche Übernahme. FinanzBuch Verlag, München

Savage JE et al (2018) Genome-wide association meta-analysis in 269,867 individuals identifies new genetic and functional links to intelligence. Nat Genet 50:912–919

Schaarschmidt T (2019) Flynn-Effekt: Warum die Intelligenz nicht weiter steigt. Spektrum Psychologie 2, März/April. https://www.spektrum.de/news/warum-die-intelligenz-nicht-weiter-steigt/1612044. Zugegriffen: Apr. 2019

Schiff M, Lewontin R (1986) Education and class. The irrelevance of IQ genetic studies. Clarendon Press, Oxford

Schiff M, Duyme M, Dumaret A, Tomkiewicz S (1982) How much could we boost scholastic achievement and IQ scores? A direct answer from a French adoption study. Cognition 12:165–196

Sniekers S et al (2017) Genome-wide association meta-analysis of 78,308 individuals identifies new loci and genes influencing human intelligence. Nat Genet 49:1107–1112

Spork P (2018a) Lasst doch mal die Gene im Dorf. Wann werden wir es lernen? Wir sind nicht die Marionetten unserer Gene. RiffReporter. https://www.riffreporter.de/erbe-umwelt-peter-spork/genetik_schulerfolg/. Zugegriffen: März 2019

Spork P (2018b) Kehrt der genetische Determinismus zurück? Starke-Meinungen.de. https://starke-meinungen.de/blog/2018/12/19/kehrt-der-genetische-determinismus-zurueck/. Zugegriffen: März 2019

Stern E (2010) Was heißt hier erblich?. Die Zeit, Hamburg

Stern E, Neubauer A (2013) Intelligenz – Große Unterschiede und ihre Folgen. DVA, München

Tautz D (2012) Genetische Unterschiede? Die Irrtümer des Biologismus. In: Haller M, Niggeschmidt M (Hrsg) Der Mythos vom Niedergang der Intelligenz. Springer VS, Wiesbaden, S 127–134

Torkamani A, Wineinger NE, Topol EJ (2018) The personal and clinical utility of polygenic risk scores. Nat Rev Genet 19(9):581–590

Tryon RC (1940) Genetic difference in maze-learning ability in rats. Yearb Natl Soc Study Educ 39(1):111–119

Tucker-Drob EM, Briley DA, Harden KP (2013) Genetic and environmental influences on cognition across development and context. Curr Dir Psychol Sci 22:349–355

Tucker WH (1996) The science and politics of racial research. University of Illinois Press, Urbana

Tucker WH (2002) The funding of scientific racism. Wickliffe Draper and the Pioneer Fund. University of Illinois Press, Urbana

Turkheimer E (2003) Socioeconomic status modifies heritability of IQ. Psychol Sci 14(6):623–628

Turkheimer E, Harden KP, Nisbett RE (2017) Charles Murray is once again peddling junk science about race and IQ. Vox, 18. Mai. https://www.vox.com/the-big-idea/2017/5/18/15655638/charles-murray-race-iq-sam-harris-science-free-speech. Zugegriffen: Sept. 2018

Turkheimer E (2018a) The ethics of GPS. GHA Project Blog, 20 Jan. http://www.genetic-shumanagency.org/gha/the-ethics-of-gps/. Zugegriffen: Juli 2018

Turkheimer E (2018b) Heritability and malleability in individuals and groups. GHA Project Blog, 9. April. http://www.geneticshumanagency.org/gha/heritability-and-malleabili-ty-in-individuals-and-groups/. Zugegriffen: Sept. 2018

Ulfkotte U (2011) Albtraum Zuwanderung. Kopp Verlag, Rottenburg

Velden M (2004) Biologismus – Folge einer Illusion. V & R Unipress, Göttingen

Velden M (2013) Hirntod einer Idee – die Erblichkeit der Intelligenz. V & R Unipress, Göttingen

Weiss V (2000) Die IQ-Falle. Stocker, Graz

Wilson C (2018) A new test can predict IVF embryos' risk of having a low IQ. NewScientist. https://www.newscientist.com/article/mg24032041-900-exclusive-a-new-test-can-predict-ivf-embryos-risk-of-having-a-low-iq/. Zugegriffen: Apr 2019

Wolf C (2013) Ein unsinniger Streit. Gehirn und Geist 4:32–40

Wright A, Hastie N (2007) Genes and Common Diseases: Genetics in Modern Medicine. Cambridge University Press, Cambridge

Yong E (2018) An enormous study of the genes related to staying in school. The Atlantic, Washington, D.C.

Zimmer DE (2012) Ist Intelligenz erblich? Rowohlt, Reinbek bei Hamburg

Zuk O, Hechter E, Sunyaev SR, Lande ES (2010) The mystery of missing heritability: genetic interactions create phantom heritability. PNAS 109:1193–1198. https://doi.org/10.1073/pnas.1119675109

Printed in the United States
By Bookmasters